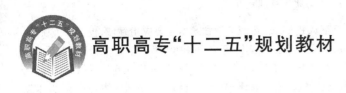高职高专"十二五"规划教材

嵌入式 Linux 应用开发精解

陈长顺　　主编

U0310103

北京航空航天大学出版社

内 容 简 介

本书以项目为主线,全面介绍了嵌入式 Linux 系统开发技术的主要应用领域,包括 9 个项目,分别是构建嵌入式 Linux 开发环境、开发简单应用程序、开发设备驱动程序、实现图形用户界面程序、开发多线程程序、开发串口通信程序、开发多媒体程序、开发数据库程序和开发网络应用程序。每个项目以企业实战为主线,包含项目需求、项目设计、项目实施和项目小结等主要环节,并以知识背景作为项目基础,设置工程实训和拓展提高环节,用以巩固实训成果,强化能力养成,激发创新思维。内容编排由浅入深,通俗易懂,注重整体,兼顾一般,利于读者理解。

本书既可作为高职院校计算机、物联网、电子工程和机电一体化等相关专业"嵌入式 Linux 应用开发"课程的教材,也可用作各类培训机构的培训教材,还可作为嵌入式 Linux 系统开发专业人员和业余爱好者的参考书和工具书。书中提供的项目源代码稍加移植、修改、扩充和组合,即可构建实用的嵌入式 Linux 系统。

图书在版编目(CIP)数据

嵌入式 Linux 应用开发精解/陈长顺主编. --北京
:北京航空航天大学出版社,2013.1
ISBN 978 - 7 - 5124 - 1051 - 0

Ⅰ.①嵌…　Ⅱ.①陈…　Ⅲ.①Linux 操作系统—程序设计　Ⅳ.①TP316.89

中国版本图书馆 CIP 数据核字(2013)第 019714 号

嵌入式 Linux 应用开发精解
陈长顺　主编
责任编辑　何　献　王国兴
*
北京航空航天大学出版社出版发行

北京市海淀区学院路 37 号(邮编 100191)　http://www.buaapress.com.cn
发行部电话:(010)82317024　传真:(010)82328026
读者信箱:emsbook@gmail.com　邮购电话:(010)82316936
涿州市新华印刷有限公司印装　各地书店经销
*
开本:710×1 000　1/16　印张:15.25　字数:325 千字
2013 年 1 月第 1 版　2013 年 1 月第 1 次印刷　印数:3 000 册
ISBN 978 - 7 - 5124 - 1051 - 0　定价:34.00 元

前　言

随着传统产业转型升级，工业化与信息化融合加速推进，智慧城市建设全面启动，嵌入式技术成为实现由"中国制造"向"中国创造"转变的核心所在，已广泛应用于工业控制、智能仪表、交通管理、信息通信、消费电子和环境工程等领域。

嵌入式 Linux 应用开发作为嵌入式技术的核心之一，涉及众多的概念、理论和方法，包括嵌入式硬件系统的组成，开发环境的构建，C、C++、Qt、SQL、XML 编程语言的选择和使用，软件系统的裁减、开发、调试和部署等。在众多语言、技术、方法、工具的组合中，如何遴选最佳组合并进行高效实践训练，以满足从事嵌入式系统开发、测试、维护和服务相关职业岗位的需求。为此，笔者根据多年从事嵌入式 Linux 系统开发和教学的亲身经历编著了此书，以一套简单、快捷、实用、完备的学习方案，奉献给广大读者。

本书共安排 9 个项目，包括构建嵌入式 Linux 开发环境、开发简单应用程序、开发设备驱动程序、实现图形用户界面程序、开发多线程程序、开发串口通信程序、开发多媒体程序、实现数据库程序和开发网络应用程序。每个项目以企业实战为主线，包含项目需求、项目设计、项目实施和项目小结等主要环节，并以知识背景作为项目基础，设置工程实训和拓展提高环节，用以巩固实训成果，强化能力养成，激发创新思维。内容编排由浅入深，通俗易懂，注重整体，兼顾一般，利于读者理解。因此，本书既可作为各类高职院校计算机、物联网、电子工程和机电一体化等相关专业"嵌入式 Linux 应用开发"课程的教材，也可用作各类培训机构的培训教材，还可作为嵌入式 Linux 系统开发专业人员和业余爱好者的参考书和工具书。书中提供的项目源代码稍加移植、修改、扩充和组合，即可构建实用的嵌入式 Linux 系统。

编写本书的指导思想在于：

① 体现基于工作过程的教学思路，以高职学生的职业能力发展为主线，根据企业需求确定教材编写的理论、原则、架构和方法；

② 给读者提供一套嵌入式 Linux 应用系统开发的完整方案，以期一书在手，别无他求；

③ 为各类高职院校和培训机构提供一套有弹性的嵌入式 Linux 应用开发教材，每个项目之间既有逻辑联系，又相互独立，可结合教学对象、教学计划、教学课时进行方便取舍；

④ 为嵌入式系统开发者提供一套基本功能程序集，可结合具体开发需求，将书中的程序模块稍做移植、修改、扩充和组合，快速生成应用系统；

　　⑤ 给学习者指明嵌入式 Linux 研究方向，使其在掌握基本开发技术基础上，通过进一步深入研究可发展成为嵌入式 Linux 资深开发人员，拥有独立开发嵌入式 Linux 应用系统的能力。

　　本书由扬州市职业大学陈长顺编著。在编写和出版过程中，得到了扬州市职业大学领导和老师的关心和支持，同时也得到北京航空航天大学出版社的帮助，在此一并表示衷心的感谢。

　　由于编者水平有限，加之时间仓促，疏漏之处在所难免，恳请读者不吝赐教（E－mail：yz. tts@public. yz. js. cn）。

作者

2012 年 11 月 15 日

目　录

项目 1

构建嵌入式 Linux 开发环境

学习目标：

➢ 了解嵌入式 Linux 开发环境的组成；

➢ 熟悉嵌入式 Linux 开发环境的构建过程；

➢ 掌握嵌入式 Linux 开发环境的使用方法。

　　嵌入式 Linux 系统开发是一个软、硬件协同设计的过程，在开发嵌入式 Linux 系统之前，首先需要构建方便、适用、高效的开发环境。一个性能良好的开发环境，可使开发工作事半功倍。本项目实施的目标在于，理解嵌入式 Linux 开发环境的基本组成，熟悉嵌入式 Linux 开发环境的构建过程，掌握嵌入式 Linux 开发环境的使用方法。

1.1　知识背景

1.1.1　嵌入式系统的组成

　　嵌入式系统是以应用为中心，以计算机技术为基础，软、硬件可裁减，满足应用系统对功能、可靠性、成本、体积、功耗等严格要求的专用计算机系统。嵌入式系统一般由硬件和软件两部分组成，硬件通常包含嵌入式微处理器、存储器和外围接口电路，软件通常由引导程序、操作系统和应用程序组成。一个典型的嵌入式系统如图 1－1 所示。

　　随着芯片技术的不断发展，嵌入式微处理器品种已有数百种，主频也越来越高，通常主频都在 200 MHz 以上，有的甚至高达 1 GHz。多处理器、多核处理器平台也逐渐应用在嵌入式领域，不过现在大量使用的还是 32 位单处理器组成的平台。

　　在嵌入式系统中，存储器负责保存程序和数据。与 PC 机有所区别的是，为了保持嵌入式系统的微型化，存储器通常由半导体集成电路来实现。

　　嵌入式系统在一个应用系统中处于核心位置，负责检测外部输入信号，并根据预先存储在存储器中的处理方案对数据进行处理，最后根据处理结果或显示驱动相应的执

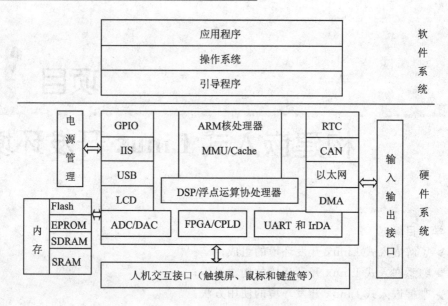

图 1-1 嵌入式系统的组成

行机构。这些对外部信息的检测和对外部机构的驱动,都是通过接口电路加以实现的。

仅有嵌入式硬件系统是无法实现智能化功能的。要使嵌入式系统在改造世界中发挥重要作用,嵌入式软件是必不可少的。

嵌入式软件系统包括引导程序、操作系统和应用程序 3 个层次。

促使嵌入式系统启动并进入正常工作状态的程序是引导程序。嵌入式引导程序类似于 PC 机中的 BIOS 程序,在嵌入式系统上电后,首先运行嵌入式引导程序,检查系统硬件的基本情况,并将控制权转交给操作系统。

操作系统是嵌入式系统软件的核心。基于源代码开放的 Linux 操作系统经过长期运行考验,日趋成熟,其相关的标准和软件开发方式已被用户普遍接受,同时积累了丰富的开发工具和应用软件资源,已成为目前嵌入式系统中的主要操作系统。

应用程序运行在嵌入式操作系统之上,一般情况下与操作系统是分开的。当处理器上带有 MMU(Memory Management Unit,存储器管理单元)时,它可以从硬件上将应用程序和操作系统分开编译和管理。这样做的好处就是系统安全性更高,可维护性更强,更有利于各功能模块的划分。很多情况下在没有 MMU 的处理器时,如 ARM7TDMI,经常将应用程序和操作系统编译在一起运行。对于开发人员来说,操作系统更像一个函数库。

1.1.2 嵌入式系统开发板

嵌入式系统是嵌入式硬件和软件的有机结合体,嵌入式系统开发离不开具体的硬件平台。硬件平台通常结合具体应用进行设计,学习者一般通过购买开发板进行实验开发。本书选择广州友善之臂计算机科技有限公司基于 ARM S3C6410 微处理器的嵌入式系统开发板 Tiny6410,进行嵌入式 Linux 系统开发实验与实训。虽然如此,许多其他开发板的设计理念和开发方法相似,只是地址分配、接口方式和存储处理稍有区别而已。因此,完成本书体系的实验与实训也可以选用诸如上海双实科技、北京博创科技、保定飞凌等相似的任何一款开发板,当实例程序中与硬件相关的参数不一致时,读者只需结合具体开发板的参数进行微调即可。

　　Tiny6410 由核心板和扩展板组成,元器件分布如图 1-2 所示。

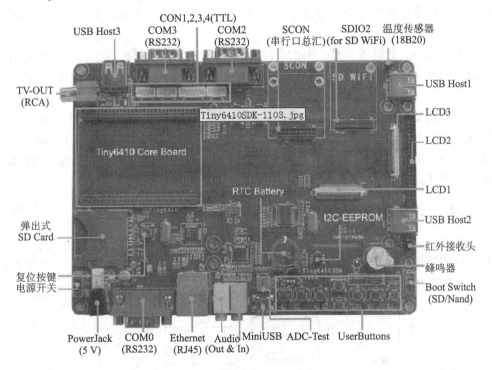

图 1-2　Tiny6410 元器件分布图

　　核心板采用高密度 6 层板设计,尺寸为 64×50 mm,它集成了 256 MB DDR RAM,2 GB SLC Nand Flash 存储器,采用 5 V 供电,在板实现 CPU 必需的各种核心电压转换,还带有专业复位芯片,通过 2.0 mm 间距的排针,引出各种常见的接口资源,以供不打算自行设计 CPU 板的开发者进行快捷的二次开发使用。

　　扩展板具有 3 个 LCD 接口、4 线电阻触摸屏接口、100M 标准网络接口、标准 DB9 五线串口、Mini USB 2.0 接口、USB Host 1.1 接口、3.5 mm 音频输入/输出口、标准 TV-OUT 接口、SD 卡座、红外接收等常用接口;在板的还有蜂鸣器、IIC-EE-PROM、备份电池、AD 可调电阻、8 个中断式按键等。

1.1.3　交叉编译工具链

　　在 Linux 平台下,要为开发板编译 BootLoader、内核、根文件系统、图形用户界面、应用程序等,均需要交叉编译工具链。

交叉编译就是在一种平台上编译出能运行在体系结构不同的另一种平台上的程序,对嵌入式 Linux 系统开发而言,即在 PC 平台上编译出能在以 ARM 为内核的平台上可运行的程序。相对于交叉编译,平常所做的编译叫本地编译,也就是在当前平台编译,所得目标程序也是在本地运行。用来编译这种跨平台程序的编译器称为交叉编译器。由于一般的嵌入式系统存储容量有限,通常都需要在性能良好的 PC 上建立一个用于目标机的交叉编译工具链,用该交叉编译工具链在 PC 上编译目标机上可运行的程序。

交叉编译工具链通常是一个由编译器、链接器和解释器组成的综合开发环境,主要由 Binutils、gcc 和 glibc 组成,有时出于减小 libc 库大小的考虑,也可以用 c 库去代替 glibc。

建立交叉编译工具链是一个相当复杂的过程。但因 Linux 是一个开源系统,所以通常在网上有许多交叉编译工具链可以下载。一般情况下,可以从网上下载一个基本的交叉编译工具包,然后解压到宿主机的 Linux 之中,再根据开发需要进行简单配置和编译,就可以快速建立适合于开发者的交叉编译工具链。

1.1.4　交叉编译环境的组成

基于 Linux 的开发环境在开发以 Linux 作为操作系统的嵌入式应用中具备得天独厚的优势,因而得到许多开发者的认同。开发嵌入式 Linux 软件系统有多种方案,其典型开发环境架构如图 1-3 所示。

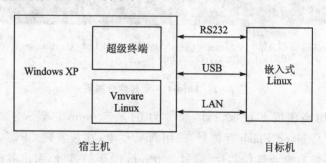

图 1-3　基于 Linux 的开发环境架构示意图

在这一开发环境中,应用程序的编写、编译和链接在虚拟机 Linux 系统中进行。由于嵌入式系统的操作系统是 Linux,应用程序的开发也在相同系统中,因而,处理问题的思路、方法最接近目标机。

为了能把在宿主机上编译好的应用程序下载到目标机进行调试,同时避免反复烧写目标机 Flash,在这一开发架构中,通过网络线把宿主机与目标机相连,使两者在同一网段中,进而通过网络配置,在宿主机上建立共享目录,使目标机可以共享宿主机上编译好的目标程序。这样,在目标机上调试程序时,就不必把宿主机上的程序

下载到目标机上,其宿主机上的共享目录已经可以看成目标机的存储器了。

经调试通过的应用程序最终需要从宿主机烧写到目标机的 Nand Flash 之中,借助于开发板的 BootLoader 命令和宿主机中的 DNW 工具,通过 USB 线缆连接,可以方便地进行传输。利用这一方案,也可以把 Linux 内核和根文件系统经裁减后下载到开发板之中。

1.1.5　Linux 服务

为了实现宿主机中在 Windows 和 Linux 之间进行文件的共享与传输,同时实现宿主机和目标机 Linux 之间的文件共享与通信,需要借助 Linux 的网络服务功能。Linux 是一个网络操作系统,除了具有稳定性和安全性等优良特点外,还提供了许多网络服务,这给嵌入式系统开发带来很大的方便。在进行嵌入式 Linux 应用开发时,常用 Samba、NFS 和 FTP 服务实现宿主机、目标机之间的通信与共享。

1. Samba 服务

当局域网中既有安装 Windows 的计算机,又有安装 Linux 的计算机时,架构 Samba 服务器可实现不同类型计算机之间文件共享。在嵌入式系统开发中,常用 Samba 服务来实现在 Windows 和 Linux 虚拟机之间进行文件传输。

SMB(Server Message Block,服务信息块)协议是实现网络上不同类型计算机之间文件和打印机共享服务的协议。Samba 服务的工作原理是:在 TCP/IP 协议之上运行 SMB 和 NetBIOS 协议,利用 NetBIOS 名字解析功能让 Linux 计算机可以在 Windows 计算机的网上邻居中看到,从而实现 Linux 计算机与 Windows 计算机之间相互访问共享文件的功能。

2. NFS 服务

NFS(NetWork File System,网络文件系统)是由 SUN 开发的一种基于网络的文件共享协议,它使不同系统平台上的用户通过网络能够共享同一个文件系统。用户通过 NFS 访问其他系统平台的文件和访问本地文件一样便捷而不会感到任何区别。

NFS 基于 RPC 机制,分为 NFS 服务器端和客户端两部分,使用星形拓扑结构连接。NFS 服务器端提供文件系统共享,客户端能够挂载服务器文件系统并进行访问。

Linux 支持 NFS 文件系统,把宿主机端配置成 NFS 服务器,目标机配置成 NFS 客户端。通过 NFS 将宿主机端文件目录共享给目标机,在目标机 Linux 上就可以访问该目录下的文件。这样,在宿主机上进行应用程序的编写和编译,然后在目标机的 Linux 上通过 NFS 挂载就可以直接运行调试程序,可避免反复下载的麻烦,大大提高了应用程序的开发速度。

3. FTP 服务

虽然 SMB 和 NFS 都可以用来传送文件,但 FTP 凭借简单高效的特性,成为跨平台直接传送文件的主要方式。

　　FTP 服务采用客户机/服务器模式,开发者利用客户机程序连接到 FTP 服务器程序,然后向服务器程序发送命令,而服务器程序执行用户发出的命令,并将执行结果返回给客户机。在此过程中,FTP 服务器与 FTP 客户机之间建立两个连接:控制连接和数据连接。控制连接用于传送 FTP 命令以及响应结果,而数据连接负责传送文件。

　　在安装 Linux 操作系统的宿主机和目标机的开发环境中,利用 FTP 服务可以从宿主机登录到目标机,借助 FTP 子命令可以方便地在目标机上查看文件目录,实现文件的上传和下载等操作。

1.2　项目需求

　　要开发嵌入式 Linux 应用系统,首先需要构建嵌入式 Linux 开发环境。这一环境应包含以下内容:

　　① 设计或选购一款满足应用需求的嵌入式系统目标机(开发板),其中 CPU、内存、Flash、显示器、键盘、接口等满足应用需求并有一定冗余。

　　② 选择一台 PC 作为宿主机,其配置能满足嵌入式 Linux 开发环境的需要。

　　③ 提供一个可编辑应用程序的编辑器,能够满足应用程序的编写与编辑。

　　④ 提供一组交叉编译工具,能将编写的应用系统源程序交叉编译成 ARM 嵌入式系统可执行的机器代码。

　　⑤ 提供一组调试工具,能方便地调试嵌入式应用程序。

　　⑥ 提供一组下载工具,能将宿主机中编译好的嵌入式系统程序通过串口、网口、USB 口或其他方式,从宿主机下载到目标机的 Flash 中。

1.3　项目设计

　　要实现项目需求目标,完成项目任务,需要重点解决开发板的选择和开发方案的确定两大主要问题。

1.3.1　开发板的选定

　　开发嵌入式 Linux 系统首先需要一块嵌入式系统开发板。开发板的产生最终可以自己设计并生产出来。开发板的基本生产流程是:首先根据应用需求设计出开发板的原理图,然后在诸如 Protel 印制板 CAD 系统中输入原理图,排版编制 PCB 印制板图和元件分布图,再交由印制板厂加工完成。初始学习或产品研发阶段,可以通过选购一块能满足目标需求并有一定冗余的开发板。本书将选用 Tiny6410 ARM11 开发板进行开发,读者也可以选用其他型号的开发板,如上海双实公司的 PA2440A、北京博创公司的 UP - 2410 及飞凌 OK6410 等,其开发方法基本相同。

1.3.2　开发方案的确定

开发嵌入式 Linux 系统有多种方案,开发者需要根据自己的知识背景、兴趣爱好、研究方向进行组合,搭建一个适合自己的体系架构,简洁、方便、适应性强是确定方案的基本原则。以下方案是目前比较流行的并发环境:

①　以一台 PC 或笔记本计算机作为宿主机,硬盘 100 GB 以上,内存 1 GB 以上,高分辨彩显,安装 Windows XP 操作系统。

②　用串口线、双绞线和 USB 线将宿主机与目标机相连,并使宿主机与目标机处于同一网段的局域网之中。

③　在 Windows XP 中安装 VMWare 虚拟机,在虚拟机中安装 Fedora9 Linux。

④　在 Linux 虚拟机中配置 Samba 服务,用于宿主机中 Windows XP 和 Linux 虚拟机的文件共享。

⑤　在 Linux 虚拟机中配置 NFS 服务,用于宿主机中 Linux 虚拟机和目标机中 Linux 之间的文件共享。

⑥　在目标机中配置 FTP 服务,用于从宿主机直接登录到目标机,实现文件的上传、下载、调试与管理。

⑦　在宿主机的 Linux 中建立 ARM 交叉编译工具链,用于应用程序的编辑与编译。

⑧　在 Windows XP 中安装 DNW,并与超级终端相配合,借助开发板的 Boot-Loader,用于目标机的文件管理与系统控制。

1.4　项目实施

当完成项目设计以后,即可启动项目的实施。

任务一:组建开发平台

在断电情况下,用串行线、双绞线和 USB 线将宿主机和目标机相连,组建开发平台硬件环境,如图 1 - 4 所示。

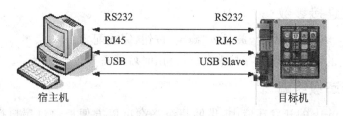

图 1 - 4　嵌入式开发平台的连接

任务二:配置超级终端

Windows 自带的超级终端是一款用于通过串口方式连接目标机的工具软件,配置步骤如下:

1. 启动配置进程

在宿主机中,选择"开始"→"程序"→"附件"→"通信"→"超级终端"菜单项,打开连接描述对话框,如图 1-5 所示。

2. 设置连接名称

选择一个显示图标,并在名称文本框中输入连接名称,如 ARM,单击"确定"按钮,将打开"连接到"对话框,如图 1-6 所示。

图 1-5　设置连接名称　　　　　　　　图 1-6　选择串行口

3. 选择连接端口

在"连接时使用"下拉列表中选择一个合适的 COM 口。选择时应根据实际连接的具体情况,比如 COM1。选好后再单击"确定"按钮,将打开 COM 参数设置对话框,如图 1-7 所示。

4. 配置连接参数

参考图示参数进行设置,最后按"确定"按钮,完成配置。

可将以上的配置结果保存起来,以后使用时就不需要重新配置了。

5. 使用超级终端

在基于 Linux 的开发环境中,借助超级终端可以方便地通过串口操作目标机。使用串口线将目标机与宿主机连接,双击保存的快捷图标"ARM",打开目标机电源开关,此时超级终端窗口中将显示目标机的启动信息,如图 1-8 所示。

图 1-7　设置 COM 口参数

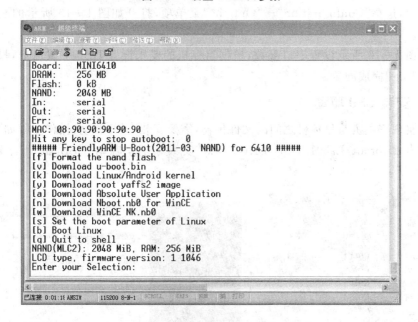

图 1-8　目标机启动菜单

此时,通过菜单命令即可方便地操作目标机。

任务三:安装与配置 DNW

DNW 既可作为串口信息观察窗口,又可作为宿主机上的 USB 下载器使用,是一个小巧、方便的实现宿主机与目标机文件传输的有效工具。

1. DNW 的配置

DNW 是一个独立的可执行文件,无须安装就能直接使用,配置步骤如下:

先双击 Labroot\Lab01\dnw\dnw.exe,打开 DNW 窗口,如图 1－9 所示。

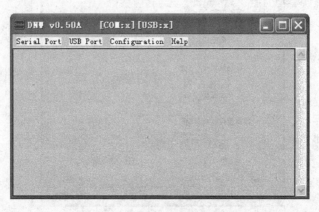

图 1－9　DNW 主窗口

然后,选择"Configuration"→"Options"菜单项,打开如图 1－10 所示的配置参数窗口。

按图 1－10 所示设置串口参数,根据目标机的要求设置 USB 下载地址,最后单击"OK"按钮完成配置。

2. 安装 USB 驱动

要实现宿主机与目标机之间的文件传输,需要安装 USB 驱动,操作步骤如下:

双击 Labroot/Lab01/USB Driver.exe 安装程序,启动 USB 驱动安装,如图 1－11所示。

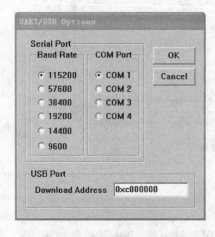

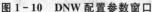

图 1－10　DNW 配置参数窗口

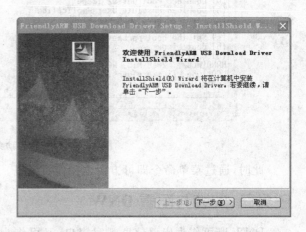

图 1－11　DNW USB 驱动安装

单击"下一步"按钮,系统开始安装,并弹出警告信息,如图 1-12 所示。

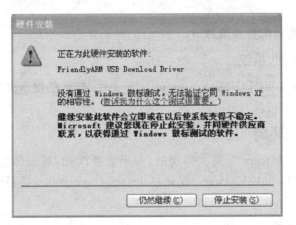

图 1-12　安装警告

单击"仍然继续"按钮,完成安装。

安装成功后,在 BIOS 模式下(将 Boot Switch 开关拨至 SD 端)打开目标机电源开关,再打开 DNW,在 DNW 窗口标题栏中将出现[USB:OK],表明 USB 驱动安装成功,并且宿主机和目标机运行正常。

3. DNW 的使用

在基于 Linux 的开发环境中,DNW 主要用途有两种,即串口信息观察与 USB 下载。

(1) 串口观察

用串口线连接好目标机的 COM0 口和宿主机的 COM1 口,启动 DNW,选择"Serial Port"→"connect"菜单项,然后在 DNW 的标题栏中即可看到"COM1 115200bps"。此时在 BIOS 模式下打开目标机电源,在 DNW 窗口同样可看到如图 1-8所示的目标机回显的启动信息。

(2) 程序下载

借助 USB 线,可将已经编译好的目标文件下载到目标机的 SDRAM 中,操作步骤如下:

先在 DNW 中选择"USB Port"→"Transmit"菜单项,然后选中要下载的文件,最后单击"打开"按钮,即可进行目标程序的下载。

任务四:安装虚拟机

VMware 是一个虚拟机软件,可以在一台 PC 机上同时运行两个或更多操作系统。Windows+VMware 组合对于实际开发嵌入式 Linux 应用来说比较广泛,因为在 VMware 中可以安装 Linux 系统,实现 Linux 系统开发,几乎和在 Linux 系统下开发没有什么区别,并且其最大好处是在 Linux 系统和 Windows 系统之间切换非常方便。

VMware 安装和配置步骤如下:

1. 安装虚拟机系统

双击 Labroot/Lab01/VMware/setup. exe 文件,按系统提示多次单击"Next"按钮,进行默认安装即可。

2. 安装汉化环境

初始安装的 VMware 是英文界面的,如果需要汉化,可安装汉化包,操作步骤为:双击 Labroot/Lab01/VMware/汉化包/setup_tracky. exe,按系统提示进行默认安装即可。

3. 新建虚拟机

同一个 VMware 中可以运行多个操作系统,在安装 Linux 之前,必须首先新建一个用于运行 Linux 的虚拟机,操作步骤如下:

先选择"开始"→"程序"→"VMware"→"VNware Workstation"菜单命令,启动 VMware,如图 1－13 所示。

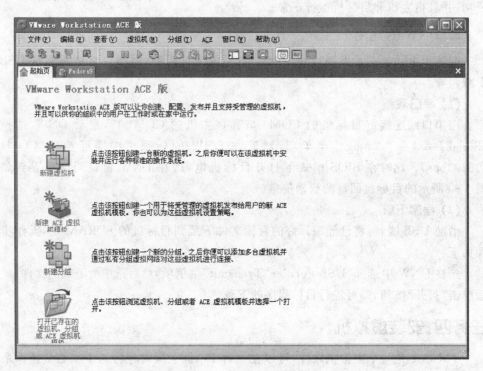

图 1－13　Vmware 集成环境

然后，选择"文件"→"新建"→"虚拟机"菜单项，打开"新建虚拟机向导"对话框，单击"下一步"按钮，选择"典型"方式，再单击"下一步"按钮，进入"选择一个客户机操作系统"界面，如图 1-14 所示。

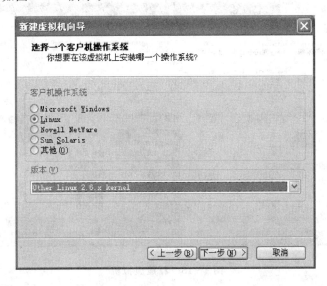

图 1-14　选择客户机操作系统

此处选择 Linux 操作系统，并确定版本为 Fedora。单击"下一步"按钮后，进一步设定创建的位置，比如 D:\Fedora9，默认使用桥接网络连接方式，完成 Linux 虚拟机的新建，如图 1-15 所示。

4. 配置虚拟机

根据需要，默认安装的虚拟机可以重新配置，比如添加串口、设置共享文件夹和改变光驱使用方式等，实现这些配置的操作步骤如下：

在 VMware 主窗口中，选择"虚拟机"→"设置"菜单项，打开"虚拟机设置"对话框，如图 1-16 所示。

在"硬件"选项卡中，单击"添加"按钮，可以在向导的指引下添加新硬件，如串口。选择左边的某一硬件图标，在右边可以设置其使用属性。

在"选项"选项卡中，还有很多可供配置的参数，如设置虚拟机的共享文件夹等，根据具体需求进行设置。

任务五：安装 Linux 操作系统

Linux 操作系统有多种版本，嵌入式系统开发中一般使用 Red Hat Linux 或 Fedora Linux。Fedora Linux 原版安装程序可以在很多网站上下载，有光盘安装版和 ISO 镜像安装版两种，以下采用 ISO 镜像安装。

操作步骤如下：

图 1 - 15　新建虚拟机

图 1 - 16　虚拟机设置对话框

1．设置虚拟机光驱工作方式

启动虚拟机，选择"虚拟机"→"设置"菜单项，打开"设置"对话框，如图 1 - 16 所示。

根据安装程序的版本形式，对虚拟机光驱进行设置。如果安装盘是可执行文件，则默认物理光驱；如果安装盘是 ISO 镜像文件，则设置虚拟光驱连接方式为"使用 ISO 镜像"。

2. 启动安装进程

将安装光盘插入光驱，或将 ISO 镜像文件复制到指定文件夹中，单击"虚拟机"工具栏上的"▲"按钮，启动安装，依次按照提示完成安装。

3. 配置 Linux 网络

网络配置主要是配置好以太网卡，对于一般常见的 RTL8139 网卡，Fedora 可以自动识别并安装，完全不需要用户参与，因此建议使用该网卡。然后配置宿主机 IP 地址，该地址需要与目标机的 IP 地址在同一网段内。因本书使用的目标机的 IP 地址为 192.168.1.230，因此，本宿主机 Linux 的 IP 地址可配置为 192.168.1.200，配置方法如下：

先选择"系统"→"管理"→"网络"菜单项，打开网络配置对话框，如图 1-17 所示。

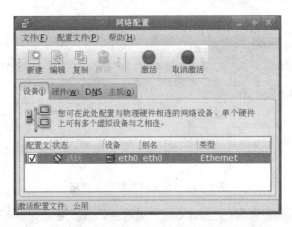

图 1-17　网络配置对话框

再单击"编辑"按钮，进入以太网设置界面，如图 1-18 所示。

设置完成后，关闭对话框，重启 Linux。

4. 关闭防火墙

Linux 为了安全，默认打开了防火墙，因此对于外来的 IP 访问它全部拒绝。这样，其他网络设备根本无法访问它，也就无法使用相关网络服务。因此，需要关闭防火墙，具体操作如下：

选择"系统"→"管理"→"防火墙"菜单项，则打开防火墙配置对话框，如图 1-19 所示。

在快捷工具栏中单击"禁用"按钮，选择关闭防火墙功能。

5. 测试 Linux 网络

在 Windows 命令提示符下输入 ping 命令，可以测试网络的基本通断，如图 1-20 所示。

嵌入式 Linux 应用开发精解

16

图 1-18　以太网常规设置界面

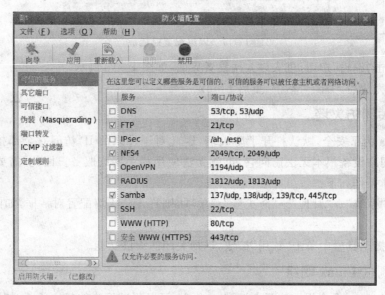

图 1-19　关闭防火墙

图 1 - 20　测试网络

任务六:实现 Windows 共享

无论使用虚拟机还是真实的 Fedora9 系统,通过 Samba 服务都可以方便地从 Linux 访问 Windows 系统中的共享文件,前提是两个系统之间的网络是互通的。

Samba 服务配置步骤如下:

1. 设置 Windows 共享属性

在 Windows XP 中,选择一个 Windows 中的共享文件夹,如 D:\share,右击鼠标,从快捷工具栏中选择"共享与安全",打开共享属性设置对话框,进行如图 1 - 21 所示的设置。

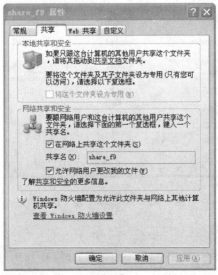

图 1 - 21　Samba 服务配置窗口

2. 配置 Linux 连接方式

在 Fedora9 中,选择"位置"→"连接到服务器"菜单项,打开连接方式配置对话框,如图 1 - 22 所示。

图 1 - 22 共享连接方式配置窗口

按图 1 - 22 所示方式进行配置,完成后单击"连接"按钮。当出现用户确认对话框时,不必理会,直接单击"连接"按钮,就可以看到 Windows 共享文件夹中的内容,如图 1 - 23 所示。此时,开发者可以像操作其他目录一样来使用。

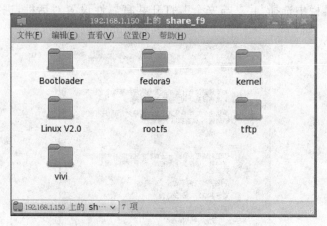

图 1 - 23 Windows 共享目录

3. 使用共享连接

当共享连接实现后,会在 Linux 桌面上建立共享快捷方式,此后若需要从 Linux 访问 Windows 系统中的共享文件夹时,只要双击桌面上的快捷方式图标,即可直接进入 Windows 共享文件夹,而无须重复以上的配置过程。

任务七:配置 NFS 服务

NFS 主要借助 Linux 网络实现远程文件共享,以便在目标机中可将宿主机的开发文件夹视为目标机的文件夹,这样在宿主机上开发的程序就可以无须下载,即可直接进行调试,以提高开发效率。

NFS 服务配置步骤如下:

1. 启用 NFS 服务

在 Linux 中选择"系统"→"管理"→"服务"菜单项,打开服务配置对话框,如图 1 - 24 所示。确保去除"iptables"选项,选中"nfs"选项并启用 nfs。

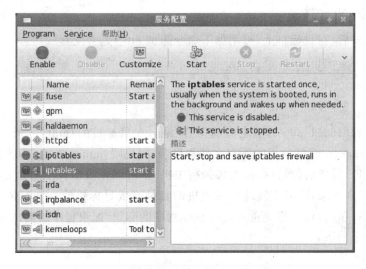

图 1 - 24　选择 NFS 服务

2. 配置 NFS 服务

以 root 身份登录 Fedora9,在命令行执行:

```
# gedit /etc/exports
```

编辑 nfs 服务的配置文件(注意:第一次打开时该文件是空的),添加如图 1 - 25 所示的内容并保存:

其中:

☐ /home/ccs 表示将要共享的 NFS 目录(读者可以根据自己的喜好建立一个 NFS 共享目录),它可以作为开发板的根文件系统通过 nfs 挂接。

☐ * 表示所有的客户机都可以挂接此目录。

☐ rw 表示挂接此目录的客户机对该目录拥有读/写的权力。

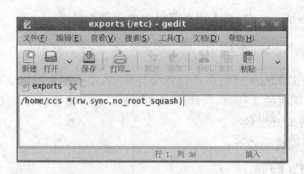

图 1 - 25　配置 NFS 服务

□ no_root_squash 表示允许挂接此目录的客户机享有该主机的 root 身份。

3. 测试 NFS 共享

配置完成后,在目标机上,可用如下命令测试 NFS 是否配置成功:

```
# mount 192.168.1.200:/home/plg  /mnt
# cd /mnt
# ls
```

其中,192.168.1.200 为宿主机的 IP 地址。在目标机的/mnt/目录下若能查看到宿主机/home/plg/目录下的所有文件和目录,则说明 mount 成功,NFS 配置良好。

启用 NFS 服务后,当目标机连接到宿主机时,可以在目标机中通过 mount 宿主机的 NFS 共享目录,即可方便地把宿主机的目录当成目标机的一个存储空间,进而在调试应用程序时,可以避免重复烧写目标程序的麻烦,加快程序的调试速度。

典型命令如下:

```
#mount - t nfs - o nolock 192.168.1.200:/home/plg  /mnt
```

该命令的含义是,将宿主机的 NFS 共享目录 192.168.1.200:/home/plg 挂载到目标机的/mnt 下。

任务八:配置 FTP 服务

无论在 Linux 系统还是 Windows 系统中,一般安装后都自带一个命令行的 FTP 命令程序,使用 FTP 可以登录远程的主机,并传递文件,这需要主机提供 FTP 服务和相应的权限。

本开发板不仅带有 FTP 命令,还在开机时启动了 FTP 服务。因此,开发者可以从 PC 的超级终端窗口或虚拟机的 Linux 终端窗口登录开发板/home/plg 目录,实现 Windows 或 Linux 与开发板之间的文件传输。登录本开发板的 FTP 账号为:plg,密码为:plg。注意:通过 FTP 命令传递文件时,所传文件与执行 FTP 命令所在的目录紧密相关。

使用 FTP 命令的操作步骤如下：

1. 登录 FTP 服务器

进入虚拟机的/home/plg 目录，执行以下一组命令：

```
# cd /home/plg
# ftp 192.168.1.230
```

在 ftp>提示符下，根据提示分别输入用户名 plg 和密码 plg，通过服务器身份验证。

2. 使用 FTP 命令

与目标机 FTP 服务器建立连接后，可使用 FTP 命令实现文件的上传、下载、执行和管理，常用 FTP 命令如表 1-1 所列。

表 1-1　常用 FTP 命令

命令名	命令功能
ls	查看 FTP 服务器当前目录的文件
pwd	显示 FTP 服务器的当前目录
rename	修改 FTP 服务器中指定文件的文件名
delete	删除 FTP 服务器中指定的文件
get	从 FTP 服务器下载指定的一个文件
put	向 FTP 服务器上传一个指定的文件
!	执行 FTP 服务器中的一个命令
quit	退出 FTP 服务器，返回宿主机 Linux 目录

命令执行过程如图 1-26 所示。

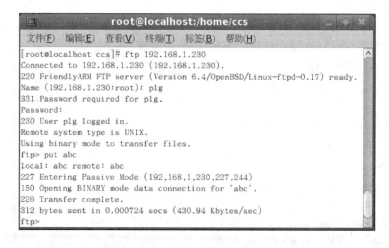

图 1-26　FTP 服务器的登录与使用

任务九：安装与配置交叉编译工具链

交叉编译工具 Crosstool 是一组脚本工具集，也是一个开源项目，可从 http://kegel.com/crosstool 网站下载，然后复制到宿主机的 Linux 中进行编译。

一般购置的开发板也会随机附带已经编译好的交叉编译工具链，这样可省去编译过程中可能出现的配置问题。以下采用后一种方法，将开发板随机附带的交叉编译工具链安装配置到宿主机之中，操作步骤如下：

1. 安装交叉编译器

从实验文件夹 Labroot/Lab01 中，将 arm – linux – gcc – 4.5.1 – v6 – vfp – 20101103.tgz 复制到宿主机 Linux/tmp 目录下，然后执行 Linux 下的"应用程序"→"系统工具"→"终端"菜单项，打开终端窗口，执行解压命令：

```
# cd /tmp
# tar xvzf arm – linux – gcc – 4.5.1 – v6 – vfp – 20101103.tgz – C /
```

其中 C 参数必须大写，它是英文"Change"的第一个字母，表示改变目录的意思。执行命令后，将把 arm – linux – gcc – 4.5.1 安装到/opt/toolschain/4.5.1 目录。

2. 设置系统环境变量

将交叉编译工具链路径添加到环境变量 PATH 中去，以便启动编译时能顺利搜索到编译器，添加方法是在系统配置文件/root/.bashrc 最后添加下面一行：

```
export PATH = $ PATH：/opt/toolschain/4.5.1/bin
```

在 gedit 中打开/root/.bashrc 文件，在最后一行加入以上命令行，保存退出，如图 1 – 27 所示。

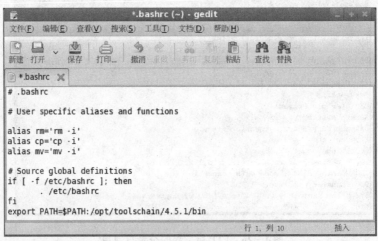

图 1 – 27　设置系统环境变量

3. 测试交叉编译工具链

交叉编译工具链建立完成后,可以通过在 Linux 终端窗口中输入以下命令进行测试:

```
#arm-linux-gcc-v
```

若出现如图 1-28 所示的信息,表明交叉工具链已经安装成功,并且工作正常。

图 1-28　交叉编译工具链测试信息

最后需要说明的是,建立交叉编译工具链是个比较复杂的过程,一旦建立以后,将保持基本相对稳定。

1.5　项目小结

1. 一个典型的嵌入式 Linux 开发环境硬件通常由宿主机、目标机和相关连线组成。

2. 嵌入式 Linux 开发环境的软件工具主要有 Windows 的超级终端、DNW 串口通信工具、VMWare 虚拟机、Linux 交叉编译工具链及服务。

3. DNW 主要用于目标机最初 Linux 系统的建立(包括初始化 Flash,安装 Boot-Loader,下载 Linux 内核和根文件系统),同时,可用于目标机系统的备份与恢复。

4. Windows 超级终端主要用于通过 Windows 的串行口监控、管理和使用目标机。

5. 交叉编译工具链用于在 VNWare Linux 中将应用程序源代码编译为目标机的可执行文件。

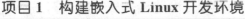

6．Samba、NFS 和 FTP 服务的作用在于，实现 Windows、VMWare Linux 和目标机 Linux 不同操作系统之间的通信、文件传输和管理。

1.6　工程实训

实训目的

1．熟悉嵌入式 Linux 开发环境的组成。

2．掌握嵌入式 Linux 开发环境的使用方法。

实训环境

1．硬件：PC 一台，开发板一块，串口线一根，双绞线一根，USB 线一根。

2．软件：Windows XP 操作系统，DNW，虚拟机 VMWare，Linux 操作系统。

实训内容

1．配置 Windows 超级终端，从 Windows 超级终端管理目标机。

2．配置 DNW，从 DNW 管理目标机。

3．配置 Samba 服务，实现 Windows XP 到 VMWare Linux 的文件传输。

4．配置 NFS 服务，实现 VMWare Linux 到目标机的文件共享。

5．配置 FTP 服务，实现 VMWare Linux 到目标机的连接和文件传输。

6．配置 VMWare，检测交叉编译工具链。

实训步骤

1．用串口线、USB 线、双绞线将 PC 与目标机相连。

2．在 Windows XP 中配置超级终端，选择目标机启动方式为"Nand"，打开目标机电源开关，启动并使用目标机 Linux 操作系统。

3．配置 DNW，选择目标机启动方式为"Nand"，打开目标机电源开关，启动并使用目标机 Linux 操作系统。

4．分别在 Windows XP 超级终端和 VMWare Linux 窗口中，利用 ifconfig 和 ping 命令检查 Windows XP、VMWare Linux 和目标机 Linux 网络连接情况。

5．配置 Samba 服务，将 Windows XP 中实验文件夹 Labroot\Lab01\hello\下的 "hello.c"和"Makefile"复制到 VMWare Linux 的文件夹/home/plg/Lab01 中。

6．配置 NFS 服务，将宿主机 VMWare Linux 中的/home/plg 挂载到目标机的/mnt 中。

7．从宿主机 VMWare Linux 的/home/plg/Lab01 通过 FTP 登录目标机，查看目标机/home/plg 下的文件。

8. 配置宿主机 VMWare Linux,检测交叉编译工具链。

1.7　拓展提高

思　考

1. 构建嵌入式 Linux 开发环境需要哪些基本工具?

2. 怎样实现 Windows XP 与 VMWare Linux 之间的文件传输? 怎样实现 VMWare Linux 与目标机 Linux 之间的文件传输?

操　作

1. 在读者自己的宿主机中,构建嵌入式 Linux 开发环境。

2. 登录 Linux 交叉编译工具链官方网站 http://www.kegel/crosstool/,下载交叉编译工具链源码,配置、编译交叉编译工具链。

项目 2

开发简单应用程序

学习目标：

➤ 了解嵌入式 Linux 软件系统的基本组成；

➤ 熟悉嵌入式 Linux 内核移植的方法；

➤ 熟悉嵌入式 Linux 根文件系统的制作方法；

➤ 掌握嵌入式 Linux 应用程序开发流程。

嵌入式 Linux 软件系统由 BootLoader、Linux 内核、根文件系统和应用程序组成。BootLoader 通常由开发板厂商提供，开发嵌入式 Linux 系统的首要任务是根据应用需求，将 Linux 内核和根文件系统移植到开发板，并在此基础上开发应用程序。

通过本项目的实施，将在了解嵌入式 Linux 软件系统基本组成的基础上，熟悉嵌入式 Linux 内核移植和根文件系统制作方法，掌握嵌入式 Linux 应用程序的开发流程。

2.1　知识背景

2.1.1　嵌入式软件系统的组成

嵌入式系统由嵌入式硬件和嵌入式软件组成。嵌入式软件呈现明显的层次化倾向，从与硬件相关的设备驱动、BSP（板级支持包）到操作系统内核、FS 文件系统、GUI 图形界面、数据库，以及应用层软件等，各部分可以清晰地划分出来，如图 2-1 所示。

应用程序层			
FS文件系统	GUI图形界面	系统管理接口	数据库
操作系统内核			
板级支持包(BSP)			
硬件层			

图 2-1　嵌入式应用程序体系架构

处于最底层的是嵌入式处理器硬件平台,它是嵌入式系统应用得以实现的基础。在硬件平台中,微处理器、存储器、输入和输出接口,以及与输入接口相连接的各类传感器,与输出接口相连接的各种执行器,实现了嵌入式应用的物理连接。

设备驱动、BSP 主要用来完成与底层硬件相关的处理。在 Linux 系统中,处于 Linux 用户态的程序不能直接对硬件进行访问,而是通过设备驱动程序的支持。大部分外部设备,如键盘、鼠标、显示器、触摸屏、串口、网络设备等,都有一个专门用于控制该设备的驱动程序。在 ARM 系统中,每个物理设备都有自己的控制器,每个控制器又都有各自的状态寄存器,并且各不相同。这些寄存器用来启动、停止、初始化设备,对硬件的控制主要是针对这些寄存器进行操作。一般来说,驱动程序的代码是相当复杂的,但对应用程序来说,由于驱动程序屏蔽了硬件的底层细节,简化了对设备的访问,使得应用程序变得相对简单。

操作系统位于驱动程序的上层,用来有效控制和管理计算机硬件和软件资源,并为用户提供方便的应用接口。从资源管理的角度来看,操作系统的主要功能是实现微处理器管理、存储器管理、设备管理、文件管理和用户接口。在嵌入式系统开发中,开发者往往根据自己特定的需要来移植操作系统,添加或删除部分组件,为上层应用提供系统调用。

FS 文件系统、GUI 图形用户界面、数据库等,为开发者设计应用程序提供更多、更便捷的 API 接口。文件系统分为 3 个层次,一是上层用户空间的应用程序对文件系统的调用,二是 VFS 虚拟文件系统,三是挂载到 VFS 中的各种实际文件系统。在具体的嵌入式系统设计中,通常根据需要存放的内容,确定使用何种文件系统。

随着计算机硬件设计水平的提高,越来越多的软件开发工作集中在图形用户接口(GUI)上。在日益丰富的诸如 iPAD、PDA、智能手机、电子阅读器等嵌入式系统中,都需要图形化的人机界面。良好的人机界面是嵌入式系统设计的一个关键技术,能够极大地提高人机交互的效率。GUI 图形界面接口为方便地开发具有图形用户界面的应用程序提供了良好的支持。

数据库的主要目的是有效地管理和存取大量的数据资源。在计算机应用中,数据处理和以数据处理为基础的信息系统所占的比重最大。随着嵌入式系统规模的逐步扩大,在嵌入式系统中包含数据库功能的应用程序逐渐成为嵌入式开发的重要分支。

处于软件体系架构最顶层的是应用程序。应用程序直接面向用户,为用户提供字符界面或图形界面,通常通过文本、图像、按钮、下拉列表、单选钮、复选框等元素与用户进行交互,接收用户的信息输入,经过一定的算法与数据处理,再将处理结果显示于数码管、发光二极管、液晶显示屏等,根据需要进而对输出设备进行控制。

2.1.2　BootLoader 的功能与使用

BootLoader(即嵌入式系统引导程序)是与处理器体系结构紧密联系的,是嵌入式系统开发的难点之一,同时也是系统运行的基本条件。

1. BootLoader 工作原理

BootLoader 是嵌入式系统加电启动的第一段程序代码。在 PC 机中，引导加载程序由 BIOS(其本质就是一段固化在集成电路中的程序)和位于硬盘 MBR 中的引导程序组成的。BIOS 在完成硬件检测和资源分配后，将硬盘 MBR 中的引导程序读到系统的 RAM 中，然后将控制权交给引导程序。引导程序的主要任务是将操作系统内核映像从硬盘上读到 RAM 中，然后跳转到内核的入口点去运行，也即开始启动操作系统。

由于在嵌入式系统中，通常并没有像 BIOS 那样的固化程序(有的嵌入式系统也会内嵌一段短小的启动程序)，因此整个系统的加载启动任务就完全由 BootLoader 来完成。对于一个嵌入式系统来说，可能有的包含操作系统，有的没有操作系统，只有应用程序，但是在这之前都需要 BootLoader 为它准备一个正确的环境。通常，BootLoader 是依赖于硬件而实现的，特别是在嵌入式领域。为嵌入式系统建立一个通用的 BootLoader 是很困难的，但是可以归纳一些通用的概念出来，以便简化特定 BootLoader 的设计与实现。

简单地说，BootLoader 是在操作系统内核和用户应用程序启动之前运行的一段小程序。通过这段小程序，可以初始化硬件设备、建立内存空间映射，从而将系统的软硬件环境带入到一个合适的状态，为最终调用操作系统内核和运行应用程序做好准备。

BootLoader 在 Flash 中所处的位置如图 2-2 所示，地址分配如图 2-3 所示。

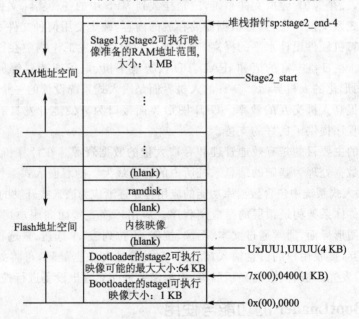

图 2-2 BootLoader 在 Flash 中的位置分布

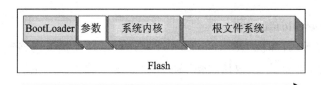

从低地址到高地址方向

图 2-3　BootLoader 存储空间地址分配

2. BootLoader 程序结构

从操作系统的角度看,BootLoader 的工作目标就是正确地调用内核并执行。因为 BootLoader 的实现依赖于 CPU 的体系结构,所以,大多数 BootLoader 都分为 stage1 和 stage2 两部分。在 stage1 程序中处理依赖于 CPU 体系结构的底层代码,如设备初始化等,通常用汇编语言实现,以达到短小精悍的目的。在 stage2 程序中通常用 C 语言来编程,以实现更复杂的功能,同时代码具有更好的可读性和可移植性。

BootLoader stage1 程序通常包含以下内容:

① 硬件设备初始化。这是 BootLoader 开始执行的操作,其目的是为阶段 2 程序的执行,以及随后内核的执行准备好基本的硬件环境。

② 为加载 BootLoader 阶段 2 程序准备 RAM 空间。为了获得更快的执行速度,通常把阶段 2 程序加载到 RAM 空间来执行。

③ 复制 BootLoader 阶段 2 程序到 RAM 空间中。

④ 设置好堆栈。

⑤ 跳转到阶段 2 的 C 程序入口点。

BootLoader stage 2 程序通常包括以下内容:

① 初始化本阶段要使用到的硬件设备。

② 检测系统内存映射。

③ 将内核映像和根文件系统映像从 Flash 上读到 RAM 空间中。

④ 为内核设置启动参数。

⑤ 调用内核。

3. BootLoader 操作模式

大多数 BootLoader 都包含两种不同的操作模式:"启动加载"模式和"下载"模式,这两种模式的区别仅对于开发人员才有意义。从最终用户的角度看,BootLoader 的作用都是用来启动加载操作系统,并不存在所谓的下载工作模式。

(1) 启动加载(Boot Loading)模式

这种模式也称为"自主"(Autonomous)模式,即 BootLoader 从目标机上的 Flash 中将操作系统加载到 RAM 中运行,整个过程没有用户的介入。这种模式是 Boot-Loader 的正常工作模式,在嵌入式产品发布的时候,BootLoader 显然必须工作在这种模式下。

(2) 下载(Downloading)模式

在这种模式下,目标机上的 BootLoader 将通过串口连接或网络连接等通信手段从主机下载文件,比如,下载内核映像和根文件系统映像等。从主机下载的文件通常首先被 BootLoader 保存到目标机的 RAM 中,然后再被 BootLoader 写到目标机上的 FLASH 类固态存储设备中。

一般情况下,目标机上的 BootLoader 通过串口与主机之间进行文件传输,传输协议通常采用 xmodem/ymodem/zmodem 协议中的一种。但是,由于串口传输的速度较慢,因此通过以太网连接并借助 TFTP 协议来下载文件是个更好的选择。不过,在通过以太网连接和 TFTP 协议来下载文件时,因为主机方必须有一个软件用来提供 TFTP 服务,所以操作相对复杂一些。

4. 常用 BootLoader

BootLoader 是嵌入式系统中非常重要的组成部分,也是系统工作的必要部分。在嵌入式系统中常用的 BootLoader 主要有 vivi 和 U - boot 两种。不同的开发板厂商通常也会根据开发板的具体情况,选用其中一种 BootLoader 后进行二次开发,给用户提供更加便捷的管理功能。

(1) vivi

vivi 是韩国 MIZI 公司开发的 BootLoader,可用于 ARM 处理器的引导,利用串行通信为用户提供接口。使用 vivi 前,首先要用串口电缆连接宿主机和目标机,然后在宿主机上运行串口通信程序,比如超级终端或 DNW。如果连接和设置都正确的话,启动目标机后,就可以在串口通信程序的窗口回显提示信息,发送控制命令。

vivi 也有通常的两种工作模式,启动模式可以在一段时间后自行启动 Linux 内核,这是 vivi 的默认方式。而在下载模式下,vivi 提供一组实用命令,可在此种状态下,方便用户对目标机资源的查询和管理。

(2) U - boot

UI - boot 是德国 DENX 小组开发的用于多种嵌入式 CPU 的 BootLoader 程序,它可以运行在基于 ARM 等多种 CPU 的嵌入式目标机上。

(3) Superboot

每个开发板厂商通常会以 vivi 或 U - boot 为基础,结合开发板的具体情况,修改原始的 BootLoader,添加一些方便用户使用的实用功能而成为独特的启动程序。Tiny6410 开发板附带的 BootLoader 就是在 U - boot 基础上修改而成的 Superboot,其功能主菜单如图 2 - 4 所示。

主要菜单选项功能如下:

[f]:对 Nand Flash 进行格式化,实际上就是擦除整片 Nand Flash。

[v]:通过 USB 下载 Linux BootLoader 到 Nand Flash 的 BootLoader 分区,如 U - boot

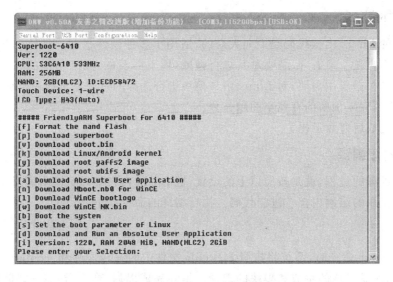

图 2 - 4　Superboot 功能主菜单

[k]：通过 USB 下载 Linux 内核到 Nand Flash 的 kernel 分区。

[y]：通过 USB 下载 yaffs2 文件系统映像到 Nand Flash 的 root 分区。

[u]：通过 USB 下载 ubifs 文件系统映像到 Nand Flash 的 root 分区。

[b]：在下载模式下启动 Linux 系统。

2.1.3　内核移植与下载

内核是嵌入式 Linux 的核心软件，内核移植是一个比较复杂的任务，当然也是嵌入式系统开发中非常重要的一个过程。在 BootLoader 建立以后，构建嵌入式 Linux 系统的下一步工作是对内核的移植。

嵌入式操作系统与计算机的硬件体系结构，特别是与处理器及外部设备密切相关。在一种处理器的目标机上运行的嵌入式操作系统往往不能在另一种处理器的目标机上运行。即使两个目标机的处理器相同，如果外部设备不同，两个目标机也可能无法运行同一个嵌入式系统内核，这时就需要对内核进行跨平台的移植。

内核移植的过程是针对目标机具体硬件和应用需求，对 Linux 系统进行量体裁衣个性化配置的过程。内核移植一般分为移植准备、内核配置、内核编译和内核下载 4 个步骤。

1. 移植准备

移植内核前首先要准备好编译内核的工具，这在项目 1 中已经完成。其次是下载内核源代码，并把这些代码解压到宿主机的工作目录之中。内核源代码的版本选择通常根据应用系统的需要而定，目前主流使用 linux - 2.6.38 版本。

2. 内核配置

下载的 Linux 内核代码是面向大众的,适用于多种硬件平台。具体到开发者的基于 ARM 的嵌入式平台,需要对其进行裁减,留下需要的,放弃不用的。配置的过程实际上是根据应用需要,对 Linux 内核模块进行选择的过程。选择得越精准,内核越小,给应用程序预留的存储空间越充分。

配置完成后存盘退出。

3. 内核编译

内核编译的过程,就是按照以上的设置,把 Linux 内核经过裁减后编译成适合嵌入式系统使用的定制内核二进制代码。执行编译的命令如下:

```
# make
```

执行 make 命令时,系统将按照 Makefile 文件中的编译规则和 . config 文件中的配置内容,完成内核的生成和模块的编译。编译完成以后,会在 linux – 2.6.38/kernel/arch/arm/boot 目录下生成 image 和 zImage 两个内核映像文件,其中,image 为正常大小的映像文件,zImage 为压缩后的映像文件。

4. 内核下载

编译生成的内核映像文件存在于宿主机中,最终需要将其移动到目标机中才能发挥应有的作用。内核的下载就是将内核映像文件烧写到目标机 NAND FLASH 的指定分区中。

值得注意的是,内核下载的前提在于,目标机上已经具有了 BootLoader 启动程序。常用的下载方法是利用 USB 和网络连接,在 DNW 中借助于 BootLoader 命令来实现。

2.1.4　根文件系统的建立

Linux 内核是一组功能函数的集合,用户不能直接使用,需要借助根文件系统可视化调用。因此,当内核移植完成后,移植工作的最后一步是建立根文件系统。

根文件系统是 Linux 系统启动的一个重要组成部分,是存放系统配置文件、设备文件和数据文件的外部设备,通常包含/etc、/dev、/bin、/usr、/usr/bin、/var 和/tmp 等目录。在现代 Linux 操作系统中,内核代码镜像文件也保存在根文件系统中。系统启动时,引导程序会从这个根文件系统设备上把内核执行代码加载到内存中去。

1. 根文件系统的概念

嵌入式 Linux 文件系统是在 PC Linux 系统的基础上发展而来,与标准 Linux 文件系统工作原理基本相同,差别仅在于底层的存储介质是 Flash 而已。

Linux 下的文件系统主要分为 3 个层次:一是上层用户空间的应用程序对文件

系统的调用,二是虚拟文件系统 VFS(Virtual Filesystem Switch),三是挂载到 VFS 中的各种实际文件系统。

用户空间主要包含应用程序和 GNU C 库,用来为文件系统调用(打开、读、写、关闭)提供用户接口。系统调用接口的作用就像是交换器,将系统调用从用户空间发送到内核空间的适当端点。系统调用实际上是通过调用内核虚拟文件系统提供的统一接口来完成对各种设备的使用。

VFS 的本质是把各种具体的文件系统的公共部分抽取出来,形成一个抽象层,是系统内核的一部分。VFS 位于用户程序和具体的文件系统之间。对用户程序而言,它提供标准文件系统的调用接口。对具体文件系统而言,它通过一系列对不同文件系统公用的函数指针来实际调用具体的文件系统函数,完成实际的各有差异的操作。任何使用文件系统的程序必须经过这层接口来使用它,通过这种方式,VFS 就对用户屏蔽了底层文件系统的实现细节和差异,给应用程序开发者带来方便。

2. 常用根文件系统

嵌入式文件系统和基本的 Linux 文件系统工作原理相同,只是嵌入式文件系统针对嵌入式应用加入了一些特殊处理,主要体现在 Flash 存储介质的读/写特点上。因此,产生了许多专为 Flash 设备而设计的文件系统,目前比较流行的有 Cramfs 和 Yaffs 等。

(1) Cramfs

Cramfs 是 Linux 创始人 Linus Torvalds 开发的一种可压缩只读文件系统。在 Cramfs 文件系统中,每一页被单独压缩,可以随机访问,其压缩比高达 2:1,为嵌入式系统节省了大量存储空间。Cramfs 文件系统以压缩方式存储,在运行时解压缩,应用程序需要复制到 RAM 中运行。但这种压缩和解压缩是由 Cramfs 文件系统本身进行维护的,用户并不需要了解具体的实现过程。

Cramfs 的特点是速度快、效率高、使用方便、节约存储空间,其只读的特点有利于保护文件系统免受破坏,提高系统的可靠性。另一方面,它的只读属性同时使得用户无法对其内容进行扩充。

(2) Yaffs

Yaffs 文件系统的全称是 Yet Another Flash File System,也就是另一种为 FLASH 存储设备设计的文件系统。Yaffs 由英国 Aleph One 公司设计,提供保护 FLASH 存储设备的垃圾收集和擦写平衡等功能。Yaffs 专门针对 NAND FLASH 优化设计,其中自带 NAND 芯片驱动为嵌入式系统直接访问提供了应用程序接口 API,用户甚至可以不使用 MTD 与 VFS,就可以直接操作文件。另外,Yaffs 也是一种日志型文件系统,在意外掉电后仍然可以保持数据的完整性,而不会丢失数据。

Yaffs 的优点在于存取速度快,占用内存资源少,适合大容量 NAND FLASH 使用。

在具体的嵌入式系统设计中,可根据不同的文件内容和存放需求确定采用何种文件系统。

3. 根文件系统的创建方法

(1) 建立根文件系统目录结构

在根文件系统顶层目录中,每一个目录都有其具体的目的和用途,一般根据 FHS(Filesystem Hierarchy Standard,文件系统结构标准)建立一个文件系统结构,如表 2-1 所列。

表 2-1 FHS 定义的根文件系统顶层目录

目录名	存放内容
bin	存放基本用户命令
boot	存放 BootLoader 静态文件
dev	存放设备或其他特殊文件
etc	存放系统配置文件,包括系统启动文件
home	存放多个用户的主目录文件
lib	存放基本的系统库文件
mnt	存放临时挂载的文件系统
opt	存放可选择的软件包
proc	存放内核虚拟文件系统和进程信息
root	存放超级用户文件
sbin	存放系统管理员使用的基本系统文件,一般不允许普通用户使用
tmp	存放程序运行时产生的临时信息和数据
usr	存放大多数安装程序,本地安装程序通常在 usr/local 目录下
var	存放系统运行时经常改变的文件

在 Linux 虚拟机终端窗口中,新建一个本地根文件系统目录,如/tmp/rootfs,并在其下按照以上结构,建立所需要的子目录,具体操作如下:

```
# cd /tmp
# mkdir rootfs
# cd rootfs
# mkdir bin dev etc lib proc sbin tmp usr var
# mkdir usr/bin usr/lib usr/sbin usr/local
```

(2) 配置命令工具

作为一个目标机系统,除了需要开发应用程序外,还应根据需要配置一些 Linux 系统的基本命令和工具,以供用户管理系统之用。但作为一般的开发者,准确分辨 Linux 系统中的命令文件及其相关辅助文件是很困难的。BusyBox 工具为解决这一

问题提供了一种较好的方案。

BusyBox 采用一种巧妙的方法,把 Linux 中大多数基本命令集成到一个可执行文件中,并让这些命令共享代码的相同部分,从而有效缩减了命令文件的空间。从开发者的角度看,BusyBox 是一个可配置工具软件,可以根据用户根文件系统设计需求,将 Linux 命令移植到目标机的文件系统中。

使用 BusyBox 配置根文件系统命令的操作步骤与内核裁减相似,也是先下载一个 BusyBox,然后进行配置与编译。

配置完成后,执行如下命令,对 Busybox 进行编译,生成目标根文件系统的常用命令工具。

```
# cd /tmp/busybox - 1.17.2
# make
# make install
```

以上命令完成后,BusyBox 将在 busybox - 1.17.2/_install 目录中建立 bin、sbin、usr/bin 和 usr/sbin 等目录,从中可以看到许多编译好的 BusyBox 可执行文件和其他应用命令的符号链接。这些目录下的命令和工具正是借助于 BusyBox 生成的工具。

最后将 _install 目录中的文件分别复制到待建立的根文件系统的相应目录下,即 rootfs/bin、rootfs/sbin、rootfs/usr/bin 和 rootfs/usr/sbin。

至此,一个可用的简单根文件系统就构建完成了。之后,可以使用 mkyaffs2image 之类的打包工具,把已经建立的根文件系统制作成镜像文件,以方便下载到目标机的 NAND FLASH 之中。

2.1.5　嵌入式应用程序开发

Linux 操作系统是嵌入式应用开发中最常用的操作系统,Hello World 是嵌入式应用程序开发中最简单的应用程序。开发嵌入式 Linux 应用程序虽然有许多方法和途径,但一般遵从以下工作流程。

1. 熟悉目标机硬件资源

开发嵌入式应用程序的第一步是熟悉目标机硬件资源,了解处理器的型号与特点,熟悉存储器及 I/O 端口的地址分配。最为理想的状况是根据应用需要自己设计目标机,在产品开发初期,可通过购买开发板作为目标机,待软件开发完成后,如果需要批量生成所开发的产品,则再重新设计与制作目标机。

2. 配置开发环境

开发应用程序需要开发环境,包括安装 Linux 虚拟机、交叉编译器、超级终端或 DNW,配置串口参数,关闭防火墙,架设 SMB、NFS 和 FTP 服务器,建立面向目标机和 Linux 虚拟机的连接等。

3. 建立引导程序

购买的目标机一般都带有已经编译好的 BootLoader,可能是 vivi,也可能是 uboot 等。如果目标机中已经建立 BootLoader,则可以直接使用。如果没有,或开发者对目标机自带的 BootLoader 不够满意,则可以重新裁减。裁减 BootLoader 可以在系统自带的 BootLoader 基础上进行修改,也可以从官方网站下载一个基本的 BootLoader,再根据应用系统的设计目标进行修改和编译,生成一个最适合应用需求的 BootLoader,最后再烧写到目标机中。

4. 移植 Linux 内核

以 Linux 作为操作系统的嵌入式系统,其内核是存储在 NAND Flash 特定区域中的。对于购买的目标机,一般随机带有 Linux 内核程序。如果没有,则应该自己动手编辑和编译。如果虽然已有,但不能满足应用系统的需求,则可以如前所述,先从官方网站下载一个基本内核,然后根据需要进行裁减,最后再编译成内核映像文件,下载到 NAND FLASH 的内核区域。

5. 建立根文件系统

在为一个嵌入式系统开发应用程序之前,必须在目标机的 NAND Flash 中建立根文件系统。根据应用需求的差别,可以选择建立不同种类的根文件系统。Yaffs 根文件系统以其存取速度快、占用系统资源少、支持大文件和良好的垃圾收集机制,得到大多数开发者的认同。

建立根文件系统的一般方法是,先从官方网站下载 Busybox 工具进行功能裁减,产生一个最基本的根文件系统,再根据应用需求添加其他程序。由于默认的启动脚本一般都不会符合应用需要,所以就要修改根文件系统中的启动脚本,它的存放位置位于/etc 目录下,包括/etc/init. d/rc. S、/etc/profile、/etc/. profile 和/etc/fstab,具体情况会随系统不同而不同。最后,需要使用 mkyaffs2image 等工具将根文件系统打包为映像文件。

6. 编写应用程序

当以上工作都完成以后,一个应用系统的软硬件工作平台准备完毕,接下来的工作就是在 VMWare Linux 中编写应用程序了。以下以编写"Hello World"程序为例,操作步骤如下:

① 首先建立工作目录,如/home/plg/Lab02/。

② 选用文本编辑器 vi 或 gedit,编写程序源代码。

对于本项目源代码比较简单,如下所示:

```
# include <stdio. h>
int main(void)
```

```
{
        printf("Hello, World! \n");
        return 0;
}
```

保存文件名为 hello.c。

③ 编写 MakeFile 文件。

打开 gedit,编辑如下代码,并以 MakeFile 文件名保存到/home/plg/Lab02/下:

```
CROSS = arm - linux -
all: hello
hello:
    $ (CROSS)gcc - o hello hello.c
clean:
    @rm - vf hello * .o * ~
```

④ 编译在目标机上运行的 hello 程序

```
# cd /home/plg/Lab02
# make
```

7. 调试应用程序

调试嵌入式 Linux 应用程序一般通过网络共享方式进行,具体操作步骤为:

(1) 在宿主机上建立 NFS 网络共享

将/home/plg/Lab02 配置为 NFS 共享目录。

(2) 将共享目录挂载到目标机

通过 mount 命令,将宿主机中的应用程序目录挂载到目标机的/mnt 中。

在宿主机的 Windows 下打开超级终端窗口,启动目标机 Linux 系统,挂载共享目录:

```
# mount - t nfs - o nolock 192.168.1.200:/home/plg/Lab02 /mnt
```

接着就可以调试应用程序了:

```
# cd /mnt
# ./hello
Hello World!
```

根据运行结果,分析应用程序的正确性。如果发现问题,则可以再回到宿主机的/home/plg/Lab02 目录下,打开 hello.c 源程序,修改、编译,再转到超级终端目标机窗口中进行调试,如此反复,直到程序达到设计目标。

8. 下载应用程序

调试完成的应用程序最终需要下载到目标机中,下载时可以加入目标机的根文件系统,也可以存储到 yaffs 文件系统中。下载可以选择串口、网络或 USB 方式。最常用的下载方法是通过 FTP 命令直接将应用程序从 VMWare Linux 上传到目标机 Linux 文件系统之中,操作步骤如下:

(1) 进入 VMWare Linux 的 /home /plg /Lab02 中

```
# cd /home/plg/Lab02
```

(2) 通过 FTP 登录到目标机

```
# ftp 192.168.1.230
```

输入用户名 plg 和密码 plg 进行登录验证。

(3) 上传 hello 文件

```
ftp>put hello
```

此时 hello 只能上传到目标机的/home/plg,要将 hello 上传到目标机的/home/plg/Lab02 下,还需要在目标机上进行一次移动文件操作。另一方面,从宿主机上传到目标机的可执行程序经上传后,已无可执行权限。要在目标机上运行该程序,还需要为其添加可执行权限,操作步骤如下:

```
# cd /home/plg
# mv hello /home/plg/Lab02         //将 hello 从/home/plg 移入/home/plg/Lab02
# cd /home/plg/Lab02
# chmod + x hello                  //给 hello 添加可执行权限
```

9. 应用程序的执行

应用程序的执行有多种方式,以下是 3 种常用方式:

(1) 直接运行

如果应用程序是类似于 hello 的程序,则可以在目标机 Linux 下直接运行。

```
# cd /home/plg/Lab02
# ./hello
```

(2) 通过脚本文件运行

当应用程序的启动需要执行多个命令时,一般将多个需要执行的命令编写在一个 . sh 的脚本文件中,通过执行脚本文件来启动应用程序。

```
# vi hello.sh
//预先执行的命令行
cd /home/plg/Lab02
./hello
```

保存后,产生 hello. sh 脚本文件。启动应用程序时,执行如下命令:

```
# hello.sh
```

Hello World!

(3) 开机自动运行

如果应用程序需要在开机时自动运行,则可将需要运行的程序名编写在/etc/init.d/rcS 文件中。

```
# vi /etc/init.d/rcS
//添加启动应用程序的命令行
/home/plg/Lab02/hello
```

保存后,重启目标机。启动成功后,将在显示屏中出现 Hello World!

2.2　项目需求

针对已经购置的嵌入式开发板,在熟悉开发板结构和 BootLoader 的基础上,实现一个 Linux 下的"Hello World"应用程序,程序运行界面如图 2-5 所示。

图 2-5　"Hello World"程序运行界面

具体需求如下:

① 熟悉开发板 BootLoader 的功能与使用方法。

② 为开发板移植基本嵌入式 Linux 内核,并借助于开发板的 BootLoader 功能将内核下载到开发板中。

③ 为开发板制作基本嵌入式 Linux 根文件系统,并借助于开发板的 BootLoader 功能将根文件系统下载到开发板中。

④ 为开发板编写一个"Hello World"简单应用程序,经编译后下载到开发板的/home/plg/Lab02 目录之中,可在开发板中运行。

⑤ 配置目标机文件系统,使开机能自动运行"Hello World"。

2.3　项目设计

从项目需求来看,本项目的任务实际上是要在保持开发板 BootLoader 的基础上,根据应用需求,为开发板移植基本的内核和根文件系统,进而开发一个简单的"Hello World"应用程序。

结合嵌入式应用系统的特点,可按以下流程加以实现:

1. 下载 BootLoader

目标系统的启动和自检一般由 BootLoader 实现,正像在 PC 机上开发应用程序一样,PC 机上的 BIOS 通常由 PC 机厂商研制,开发者一般直接使用。

因为本项目的开发板采用购置方案,因此,对 BootLoader 就直接采用开发板自带的程序,只需稍加熟悉就可以了。

开发板为最大限度适应多种应用需要,通常会提供多种版本的 BootLoader。考虑到 BootLoader 的选择必须与开发板硬件相匹配,所以,本项目可选择 superboot - 6410. bin。

2. 移植内核

Linux 是开源程序,Internet 网上有许多版本的内核可供各类开发者选用。因此,进行内核移植时,不必从头开始,可以先下载一个基本的内核,然后结合项目需求进行适当裁减,这样可以提高移植效率。

考虑到目前 Linux 内核已经更新到 linux - 2.6 版本,版本越高相应的功能越强,易于识别的新设备越多,因此,在保证系统稳定和安全的前提下,尽可能采用交叉编译工具链能够编译较高版本的内核。本项目拟采用 linux - 2.6.38。

移植内核的一般方法是,首先从 Internet 网下载一个标准内核,然后将其复制到宿主机中,再根据项目需求进行裁减,最后由交叉编译工具编译成 ARM 可执行的二进制文件,并借助于 BootLoader 功能和 DNW 工具将其下载到目标机的 Flash 之中。

通常情况下,开发板制造商也会随机标配一个内核,利用这一内核可以快速生成目标系统的内核,免去下载的麻烦。本项目拟采用开发板提供的标配内核,结合项目需求进行一些裁减,然后借助已经建立的交叉编译工具链编译成二进制可执行文件,再利用 BootLoader 内核下载功能,将定制内核下载到目标机的 Flash 之中。

3. 建立根文件系统

考虑到本项目是一个实训型项目,在实施过程中可能需要经常增删文件或目录,因此拟采用 Yaffs 文件系统。

与内核移植分析类似,本项目拟采用开发板随机附带的标配 Yaffs 根文件系统,根据项目需求,利用 busybox - 1.17.2 工具生成一些程序,对标配根文件系统进行补充,最后由 mkyaffs2image 编译工具编译成 ARM 可执行的二进制文件,并借助于 BootLoader 下载功能,将其下载到目标机的 Flash 之中。

4. 开发"Hello World"应用程序

在目标机显示屏上显示"Hello World!"是嵌入式 Linux 系统中最简单的应用程

序,其开发流程遵从一般嵌入式应用程序的开发方法。本项目具体实施时可按以下步骤实现:

① 在宿主机中用 C 语言编写"Hello World"源程序。

② 在宿主机中编写一个为编译这一应用程序而配套的 MakeFile 规则文件。

③ 借助已经建立的交叉编译工具将 C 程序编译成 ARM 可执行的二进制文件。

④ 利用 FTP 服务将其下载到目标机的 Flash 之中。

5. 实现开机自动运行

嵌入式 Linux 应用系统本质上仍然是一个 Linux 应用系统,只是运行在目标机上而已,因此,要实现开机自动运行"Hello World"程序,需要配置启动文件。

Linux 系统启动后首先执行的文件是/etc/profile,该文件与用户无关。另一个与用户相关的首先被执行的文件是 $ HOME/. bash_profile,当登录用户是 root 时,则/root/. bash_profile 首先被执行;若登录者是一个特定的用户 plg,则/home/plg/. bash_profile 首先被执行。因此,只要利用 Shell 命令对/etc/profile 或 $ HOME/. bash_profile 编程,即可实现开机自启动任务。若对/etc/profile 编程,则任何用户启动时都会执行"Hello World"程序;若对/home/plg/. bash_profile 编程,只有 plg 用户登录时才会自动执行"Hello World"。

嵌入式开发板中移植的 Linux 内核和根文件系统相对比较精简,可以直接修改/etc/init. d/rcS 文件,加入自启动"Hello World"程序即可。

2.4　项目实施

任务一: 下载 BootLoader

BootLoader 一般由开发板供应商提供,通常由开源软件 vivi 或 u - boot 发展而来,并针对开发板的具体情况进行一些修改。本开发板的 BootLoader 为/Labroot/Lab02/u - boot_nand - ram256。

下载步骤如下:

① 用 USB 接线将宿主机与目标机相连,使目标机处于下载状态(即 boot 启动开关拨到 SD 端),打开目标机电源开关。

② 在宿主机中双击 DNW 程序,如果 DNW 标题栏提示[USB:OK],信息窗口中显示目标机的 BootLoader 提示信息,则说明 USB 连接成功,如图 2 - 6 所示。

③ 在 BootLoader 功能菜单中选择功能号[v],进入下载 BootLoader 状态 ,如图 2 - 7 所示。

④ 在 DNW 中选择"USB Port"→"Transmit"菜单项,并在弹出的对话框中选择需要下载的 BootLoader 映像文件(Labroot/Lab02/uI - boot_nand - ram256),单击

图 2-6 连接目标机

图 2-7 选择下载命令

"打开"按钮开始下载,如图 2-8 所示。

图 2-8 选择 BootLoader 映像文件

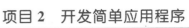
⑤ 下载完毕,目标机 BootLoader 会自动把 u - boot_nand - ram256 烧写到 Nand Flash 分区中,并返回到主菜单。

任务二:移植内核

把 Linux 内核移植到目标机中,需要先对 Linux 内核进行裁减并编译,然后再从宿主机下载到目标机中,操作步骤如下:

(1) 下载内核源文件

通过 PC 机上网,登录 http://www.kernel.org/pub/linux/kernel/v2.6/网站,下载 linux - 2.6.38.tar.gz 源代码压缩包,并将其保存到宿主机的/Labroot/Lab02 目录中。

(2) 复制源代码到虚拟机 Linux 的 /opt /mini6410 /linux 目录下

启动 Linux 虚拟机,通过 SMB 服务建立虚拟机到 Windows XP 的连接,先将/Labroot/Lab02/linux - 2.6.38.tar.gz 文件复制到 Windows XP 的共享目录 D:\share 下,再从 Linux 通过 SMB 服务连接到共享目录 share,并将 linux - 2.6.38.tar.gz 复制到/opt/mini6410/linux 目录下。若此文件较大,通过 SMB 无法传输,也可通过 U 盘直接复制。

(3) 解压内核代码

在终端中输入以下命令:

```
#cd /opt/mini6410/linux
#tar - xzvf linux - 2.6.38.tar.gz
```

命令执行以后,将在宿主机的/opt/mini6410/linux 目录下生成一个 linux - 2.6.38 文件夹,其中包含了 linux - 2.6.38 内核的所有源程序。

(4) 配置内核

进入 linux - 2.6.38 目录,执行如下命令,打开内核配置界面,如图 2 - 9 所示。

```
#make menuconfig
```

根据项目需求,通过选项进行配置,结束后保存退出。

(5) 编译内核

输入以下命令,进行内核编译:

```
#make
```

编译结束后,会在/opt/mini6410/linux/linux2.6.38/arch/arm/boot 目录下生成 Linux 内核映像文件 zImage。

(6) 下载内核

① 通过 SMB 服务器将/opt/mini6410/linux/linux2.6.38/arch/arm/boot 目录下的 zImage 文件复制到 Windows xp 共享目录下,再将其复制到 Labroot/Lab02 目录中。

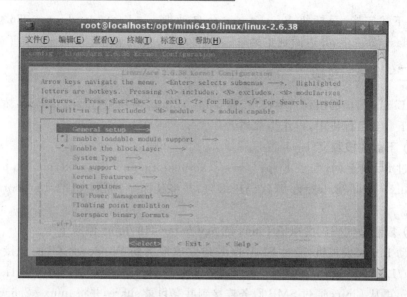

图 2-9　内核配置窗口

② 连接好开发板电源、串口线、USB 线和网络线，设置启动方式为 CD，打开 DNW 窗口。

③ 上电启动开发板，在 BootLoader 功能菜单中选择功能号"[k] Download linux kernel"，出现 USB 下载等待提示信息。

④ 在 DNW 窗口中选择"USB Port"→"Transmit"菜单项，从对话框中选择"zImage"，开始下载。

任务三：移植根文件系统

1. 建立根文件系统源文件目录

先通过 PC 机上网，登录 http://www.aleph1.co.uk/cgi-bin/viewcvs.cgi/网站，下载 yaffs2.tar.gz 源代码压缩包，将其保存在宿主机的/Labroot/Lab02 中。考虑到与项目 3 文件系统的衔接，也可直接使用包含 qtopia 的/Labroot/Lab02/rootfs _qtopia_qt4.tgz 文件系统。

然后将源代码复制到虚拟机 Linux 的/opt/mini6410/linux/目录下，并进行解压，形成 rootfs_qtopia_qt4 目录：

```
# cd /opt/mini6410/linux/
# tar - xvzf rootfs_qtopia_qt4.tgz
```

2. 配置根文件

以上命令完成后，rootfs_qtopia_qt4 目录中已经包含了 bin、sbin、lib、dev、etc、proc、opt、home、root、tmp 和 usr 等基本目录及其系统命令，可根据需要在其中增、删目录或文件。

3. 产生根文件系统映像制作工具

从宿主机的/Labroot/Lab02/中复制根文件系统映像制作工具 mktools. tar. gz,将其保存到虚拟机 Linux 的/opt/目录下,并进行解压,在/usr/sbin/目录下产生 mkyaffs2image 等制作工具:

```
# cd /opt/
# tar - xvzf mktools.tar.gz - C /
```

解压后,在/usr/sbin/目录中产生 mkyaffs2image、mkubimage - mlc2 等根文件系统映像制作工具。

4. 编译根文件系统

当一切准备工作完成后,输入以下命令,进行 yaffs2 文件系统映像的编译制作:

```
# cd /opt/mini6410/linux/
# mkyaffs2image rootfs_qtopia_qt4  root_yaffs2.img
```

编译结束后,会在当前目录下生成 root_yaffs2.img 文件。

5.下载根文件系统

利用与任务 2 内核下载相似的方法,将根文件系统下载到目标机的 Flash 之中。这样,当目标机 Linux 内核启动后,就可以建立 yaffs 文件系统。至此,与 PC 机装机相对应的目标机基本软件系统安装完毕。此后的所有任务就是在这一平台上开发各种满足用户需求的应用软件。

任务四: 编写"Hello World"应用程序

1. 编写源程序

首先建立工作目录,在此确定为/home/plg/Lab02,操作命令为:

```
# cd /home/plg/
# mkdir Lab02
# cd Lab02
```

注意,若 VMWare Linux 中已存在/home/plg/Lab02/目录,可省略 mkdir Lab02 的过程。

接着启用文本编译器 vi 或 gedit,编写程序源代码,如下所示:

```
# include <stdio.h>
int main(void)
{
        printf("Hello, World! \n");
```

```
        return 0;
}
```

保存文件名为 hello.c。

2. 编译程序

先打开 gedit 编写 MakeFile 文件,具体内容为:

```
CROSS = arm - linux -
all: hello
hello:
    $(CROSS)gcc - o hello hello.c
clean:
    @rm - vf hello *.o *~
```

然后执行编译命令:

```
# make
```

命令执行后,同样会在/home/plg/Lab02/目录下产生一个 hello 二进制可执行文件。

3. 调试程序

打开宿主机上的 Windows 超级终端,用 NFS 服务将/home/plg/Lab02 /目录映射到目标机的/mnt 下,并执行程序:

```
# mount - t nfs - o nolock 192.168.1.200:/home/plg/Lab02 /mnt
# cd /mnt
# ./hello
Hello,World!
```

4. 下载应用程序

进入宿主机 Linux 的/home/plg/Lab02 目录,通过 ftp 命令登录目标机/home/plg 目录,将宿主机当前目录下的 hello 文件直接上传到目标机的/home/plg/下,操作过程如图 2 - 10 所示。

任务五: 实现开机自启动"Hello World"

1. 修改配置文件

借助启动脚本可以设置目标机开机后自动运行的程序,启动脚本位于开发板的/etc/init.d/rcS 文件之中,利用 vi 编辑器将其打开,在末行添加开机运行 hello 的命令:

```
# vi /etc/init.d/rcS
/home/plg/Lab02/hello
```

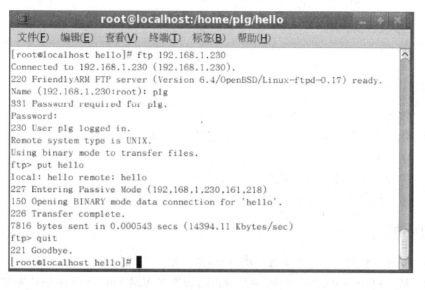

图 2-10 通过 ftp 下载 hello

2. 重启目标机

重启目标机,将在启动成功后的显示屏末行显示"Hello World!"。

2.5 项目小结

1. 一个典型的嵌入式 Linux 软件系统由 BootLoader、系统内核、根文件系统和应用程序组成。

2. 开发嵌入式 Linux 系统的一般流程是,根据应用需求,先将 Linux 内核和根文件系统移植到开发板,并在此基础上开发应用程序。

3. 开发嵌入式 Linux 简单应用程序的一般步骤是:

(1) 根据项目需求,用 C 语言编写应用源程序。

(2) 编写 MakeFile 编译规则文件。

(3) 执行 make 命令进行编译。

(4) 通过 NFS 服务或直接下载到目标机进行调试。

(5) 通过 FTP 服务或其他方式将应用程序下载到目标机的指定目录中。

4. 实现开机自启动应用程序,需要配置目标机启动文件/etc/init.d/rcS,将启运程序行添加到 rcS 中就可以了。

2.6　项目实训

实训目的

1. 熟悉嵌入式应用系统软件架构。
2. 熟悉开发板 BootLoader 的功能及其使用方法。
3. 掌握 Linux 内核裁减与下载。
4. 掌握 Linux 根文件系统的制作与下载。
5. 掌握简单应用程序的开发方法。

实训环境

1. 硬件：PC 机一台，开发板一块，串口线一根，USB 线一根，双绞线一根。
2. 软件：Windows XP 操作系统，DNW，虚拟机 VMWare，Linux 操作系统。

实训内容

1. 使用开发板的 BootLoader。
2. 移植操作系统内核 linux－2.6.38 到开发板。
3. 建立开发板 Linux 根文件系统。
4. 编写"Hello World!"应用程序，实现目标机开机自启动应用程序。

实训步骤

1. 用串口线、USB 线、双绞线将 PC 机与目标机相连。

2. 启动 DNW，选择目标机启动方式为"Nand"，打开目标机电源开关，进入 BootLoader 主界面，熟悉 BootLoader 功能，研究 BootLoader 使用方法。

3. 启动宿主机中的 VMWare Linux，通过 SMB 服务将 Labroot\Lab02\文件夹下的"linux－2.6.38.tar.gz"复制到目标机的/opt 中，解压、裁减并编译成 zImage，并将其复制到 Labroot\Lab02\文件夹下。

4. 在 DNW 中，借助开发板的 BootLoader 功能，将 zImage 下载到开发板内核区中。

5. 通过 SMB 服务将 Labroot\Lab02\文件夹下的"rootfs_qtopia_qt4－s.tgz"复制到目标机的/opt 中，解压、裁减并打包成 rootfs.img，并将其复制到 Labroot\Lab02\文件夹下。

6. 在 DNW 中，借助开发板的 BootLoader 功能，将 rootfs.img 下载到开发板根文件区中。

7. 进入宿主机中的 VMWare Linux，在/home/plg/Lab02 下，编写"Hello World!"应用程序，取名为 HelloTest.c，编写 MakeFile 文件，编译。

8. 打开 Windows 超级终端,启动目标机到 Linux 状态下,借助 NFS 服务调试"Hello World!"应用程序。

9. 进入宿主机中的 VMWare Linux,在/home/plg/Lab02 下通过 FTP 登录目标机,将 HelloTest 文件上传到目标机的/home/plg/Lab02 下,并为 HelloTest 添加可执行权限。

10. 在 Windows 超级终端中进入目标机 Linux,修改目标机启动文件/etc/init.d/rcS,实现目标机开机自启动"Hello World!"应用程序。

2.7　拓展提高

思　考

1. 简述为嵌入式开发板建立 Linux 软件系统的基本流程。
2. 开发一个简单嵌入式 Linux 应用程序的基本步骤有哪些?

操　作

1. 通过 FTP 或 U 盘将宿主机 Labroot\Lab02\目录下的文件复制到 VMWare Linux 的/opt 下。

2. 通过 PC 机上网,登录 http://www.kernel.org/pub/linux/kernel/v2.6/网站,下载 linux－2.6.38.tar.gz 源代码压缩包,并将其移植到目标机中。

3. 通过 PC 机上网,登录 http://www.aleph1.co.uk/cgi－bin/viewcvs.cgi/网站,下载 yaffs2.tar.gz 源代码压缩包,并将其移植到目标机中。

项目 3

开发设备驱动程序

学习目标：
➢ 了解嵌入式 Linux 驱动程序的概念；
➢ 熟悉嵌入式 Linux 驱动程序的结构；
➢ 掌握嵌入式 Linux 驱动程序的编写和加载方法。

嵌入式 Linux 系统的输入和输出通过设备管理的方式实现，设备文件的类型分为字符设备、块设备和网络设备，而设备驱动程序成为操作系统内核和目标机硬件之间的接口。通过本项目的实施，将熟悉嵌入式 Linux 驱动程序的结构、驱动程序的编写和加载方法，从而实现嵌入式系统的输入检测和输出控制功能。

3.1　知识背景

3.1.1　设备驱动程序的概念

1. 概　念

Linux 操作系统通过设备驱动程序来控制硬件设备。设备驱动程序是 Linux 内核的一部分，是内核与硬件设备的直接接口，屏蔽了硬件的细节，以方便应用程序的编程。

Linux 操作系统将所有的设备看成文件，并通过文件的管理方式进行操作，这一类特殊文件就是设备文件，通常放在/dev 目录下。对应用程序而言，硬件设备只是一个设备文件，设备驱动程序隐藏了设备的具体细节，对各种不同设备提供了统一的接口，应用程序可以像操作普通文件一样对硬件设备进行操作，这就大大方便了面向设备的编程处理。

设备文件的属性由 3 部分信息组成：文件类型、主设备号和次设备号。其中类型和主设备号结合在唯一地确定了设备文件驱动程序，而次设备号则说明目标设备是同类设备中的第几个。

由于 Linux 中将设备当作文件处理,所以对设备进行操作的方式与对文件的操作类似,主要包括 open()、read()、write()、ioctl() 和 close() 等。应用程序发出系统调用命令后,会从用户态转到内核态,通过内核将 open() 这样的系统调用转换成对物理设备的操作。

2. 设备的分类

Linux 将设备分成 3 大类:字符设备、块设备和网络设备。

(1) 字符设备

字符设备以字符为单位,逐个进行输入和输出。字符设备接口支持面向字符的 I/O 操作,由于它们不经过系统的快速缓存,所以它们负责管理自己的缓冲区结构。字符设备接口只支持顺序存取的功能,一般不能进行任意长度的 I/O 请求,而且限制 I/O 请求的长度必须是设备要求的基本块长的倍数。

(2) 块设备

块设备以记录块或扇区为单位,成块进行输入和输出。块设备接口仅支持面向块的 I/O 操作,所有 I/O 操作都通过在内核地址空间中的 I/O 缓冲区进行,它可以支持随机存取的功能。文件系统通常都建立在块设备上。

(3) 网络设备

网络设备介于字符设备和块设备之间,通过网络与其他设备进行数据通信。内核和网络设备驱动程序之间的通信调用一套数据包处理函数,它们完全不同于内核和字符以及块设备驱动程序之间的通信。Linux 网络设备不是面向流的设备,不会将网络设备的名字(如 eth0)映射到文件系统中去。

3. 设备驱动程序的特点

Linux 设备驱动程序有如下特点:

(1) 内核代码

设备驱动程序是内核的一部分,如果驱动程序出错,可能导致系统崩溃。

(2) 内核接口

设备驱动程序必须为内核或其子系统提供一个标准接口,比如一个终端驱动程序必须为内核提供一个文件 I/O 接口;一个 SCSI 设备驱动程序应该为 SCSI 子系统提供一个 SCSI 设备接口,同时 SCSI 子系统也必须为内核提供文件的 I/O 接口及缓冲区。

(3) 内核服务

设备驱动程序使用一些标准的内核服务,如内存分配等。

(4) 可装载

大多数设备驱动程序都可以在需要时装载进内核,不需要时从内核中卸载。

(5) 可设置

设备驱动程序可以集成为内核的一部分,并可以根据需要把其中的一部分集成到内核之中,这只需要在内核编译时进行相应的设置即可。

(6) 动态性

在系统启动且各个设备驱动程序初始化以后,驱动程序将维护其控制的设备。如果某一驱动程序控制的设备不存在,也不影响系统的运行,那么此时的设备驱动程序只是多占用一点系统内存罢了。

4. 驱动控制的方式

处理器驱动外部设备的控制方式通常有 3 种:查询方式、中断方式和直接内存存取(DMA)方式。

(1) 查询方式

设备驱动程序通过设备的 I/O 端口和存储器完成数据的交换。例如,网卡一般将自己的内部寄存器映射为设备的 I/O 端口,而显卡则利用大量的存储器作为视频信息的存储空间。利用这些地址空间,驱动程序可以向外设发送指定的操作指令。一般情况下,由于外设的操作耗时较长,因此,当处理器实际执行了操作指令之后,驱动程序可采用查询方式等待外设完成操作。

驱动程序在提交命令之后,开始查询设备的状态寄存器,当状态寄存器表明操作完成时,驱动程序可继续后续处理。查询方式的优点是硬件开销小,使用起来比较简单。但在此方式下,CPU 要不断地查询外设的状态,当外设未准备好时,就只能循环等待,不能执行其他程序,这样就浪费了 CPU 的大量时间,降低了处理器的利用率。

(2) 中断方式

中断方式是多任务操作系统中最有效利用处理器的方式。当 CPU 进行主程序操作时,外设的数据已存入端口的数据输入寄存器,或端口的数据输出寄存器已空,此时由外设通过接口电路向 CPU 发出中断请求信号。CPU 在满足一定条件下,暂停执行当前正在执行的主程序,转入执行相应能够进行输入/输出操作的子程序,待输入/输出操作执行完毕之后,再返回并继续执行原来被中断的主程序。这样,CPU 就避免了把大量时间耗费在等待、查询外设状态的操作上,使其工作效率得以大大提高。

能够向 CPU 发出中断请求的设备或事件称为中断源。中断源向 CPU 发出中断请求,若优先级别最高,则 CPU 在满足一定的条件时,可中断当前程序的运行,保护好被中断的主程序的断点和现场信息,然后根据中断源提供的信息找到中断服务子程序的入口地址,转去执行新的程序段,这就是中断响应。CPU 响应中断是有条件的,如内部允许中断、中断未被屏蔽和当前指令执行完等。CPU 响应中断以后,就会中止当前的程序,转去执行一个中断服务子程序,以完成为相应设备的服务。

系统引入中断机制后,CPU 与外设处于“并行”工作状态,便于实现信息的实时处理和系统的故障处理。

(3) 直接访问内存(DMA)方式

利用中断,系统和设备之间可以通过设备驱动程序传送数据,但是当传送的数据量很大时,因为中断处理上的延迟,利用中断方式的效率会大大降低。而直接内存访问(DMA)可以解决这一问题。DMA 可允许设备和系统内存间在没有处理器参与的情况下传输大量数据。设备驱动程序在利用 DMA 之前,需要选择 DMA 通道并定义相关寄存器以及数据的传输方向,即读取或写入,然后将设备设定为利用该 DMA 通道传输数据。设备完成设置之后,可以立即利用该 DMA 通道在设备和系统的内存之间传输数据,传输完毕后产生中断以便通知驱动程序进行后续处理。在利用 DMA 进行数据传输的同时,处理器仍然可以继续执行其他指令。

5. 内核空间和用户空间

在 Linux 系统中,软件的运行可在“内核空间”和“用户空间”中进行。设备驱动程序可以编译到内核之中,也可以以模块形式存在。模块在“内核空间”运行,而应用程序则是在“用户空间”运行。它们分别引用不同的内存映射,也就是程序代码使用不同的“地址空间”。

Linux 通过系统调用和硬件中断完成从用户空间到内核空间的控制转移。执行系统调用的内核代码在进程的上下文中执行,它执行调用进程的操作而且可以访问进程地址空间的数据。但处理中断与此不同,处理中断的代码相对进程而言是异步的,而且与任何一个进程都无关。模块的作用就是扩展内核的功能,是运行在内核空间的模块化的代码。模块的某些函数作为系统调用执行,而另一些函数则负责处理中断。

各个模块被分别编译并链接成一组目标文件,这些文件能被载入正在运行的内核,或从正在运行的内核中卸载。必要时内核能请求内核守护进程 Kerneld 对模块进行加载或卸载。根据需要动态载入模块可以保证内核达到最小,并且具有很大的灵活性。内核模块一部分保存在 Kernel 中,另一部分在 Modules 包中。在许多应用系统中,对设备安装、使用和改动都是通过编译进内核来实现的,对驱动程序稍微做点改动,就要重新烧写一遍内核,而且烧写内核经常容易出错,还占用资源,给具体应用带来不便。模块采用的则是另一种途径,内核提供一个插槽,模块就像一个插件,在需要时插入内核中使用,不需要时从内核中拔出。这一切都由一个称为 Kerneld 的守护进程自动处理。

内核模块的动态加载具有以下优点:将内核映像的空间保持在最小,并具有最大的灵活性。这便于检验新的内核代码,而不需要重新编译内核并重新引导。

但是,内核模块的引入也对系统性能和内存的利用有负面影响。装入的内核模块与其他内核部分一样,具有相同的访问权限,由此可见,差的内核模块会导致系统崩溃。为了使内核模块能访问所有内核资源,内核必须维护符号表,并在加载和卸载模块时修改这些符号表。由于有些模块要求利用其他模块的功能,故内核要维护模块之间的依赖性。内核必须能够在卸载模块时通知模块，并且要释放分配给模块的内存和中断等资源。内核版本和模块版本的不兼容也可能导致系统崩溃，因此，严格的版本检查是必需的。尽管内核模块的引入同时带来不少问题，但是模块机制确实是扩充内核功能的一种行之有效的方法，也是在内核级进行编程的有效途径。

6. 驱动程序的编译与使用

Linux 内核中采用可加载的模块化程序设计，一般情况下将最基本的核心代码编译在内核中，其他代码可以编译到内核中，也可以编译为内核的模块文件，在需要时动态加载。

Linux 设备驱动程序属于内核的一部分，因此，驱动程序可以以两种方式被编译和加载。

① 直接编译进 Linux 内核，随同 Linux 启动时加载。

② 编译成一个可加载的模块，在需要时加载，不需要时卸载。

Linux 提供一组与内核模块文件相关的命令，用于内核模块文件的加载与使用，主要有：

(1) lsmod

lsmod 列出当前系统中加载的模块，其中，左边第 1 列是模块名，第 2 列是模块的大小，第 3 列则是使用该模块的对象数目，如图 3-1 所示。

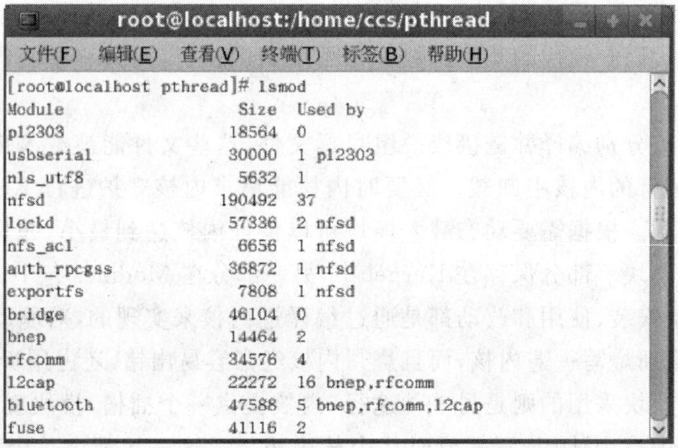

```
root@localhost:/home/ccs/pthread

文件(F)  编辑(E)  查看(V)  终端(T)  标签(B)  帮助(H)

[root@localhost pthread]# lsmod
Module              Size  Used by
p12303             18564  0
usbserial          30000  1 p12303
nls_utf8            5632  1
nfsd              190492  37
lockd              57336  2 nfsd
nfs_acl             6656  1 nfsd
auth_rpcgss        36872  1 nfsd
exportfs            7808  1 nfsd
bridge             46104  0
bnep               14464  2
rfcomm             34576  4
l2cap              22272  16 bnep,rfcomm
bluetooth          47588  5 bnep,rfcomm,l2cap
fuse               41116  2
```

图 3-1 lsmod 列表显示

(2) insmod 和 modprobe

insmod 和 modprobe 用于加载当前模块。insmod 加载时，不会自动解决依存关系，即如果要加载的模块引用了当前内核符号表中不存在的符号，则无法加载。也不会去查找在其他尚未加载的模块中是否定义了该符号。modprobe 可以根据依存关系以及/etc/modules.conf 文件中的内容自动加载其他有依赖关系的模块。

（3）rmmod

rmmod 用于卸载当前加载的模块。

7. 设备驱动程序与应用系统的关系

设备驱动程序与应用系统的关系如图 3-2 所示。

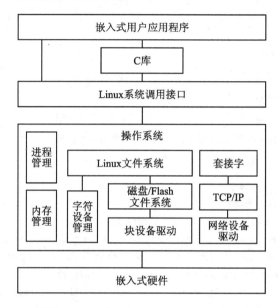

图 3-2　设备驱动程序与应用系统的关系

从图中可见，应用程序可以使用 Linux 的系统调用接口编程，也可以使用 C 库函数，出于代码可移植性的考虑，后者更值得推荐。C 库函数本身也通过系统调用接口而实现，如 C 库函数中的 fopen()、fwrite()、fread() 和 fclose() 分别会调用操作系统 API 的 open()、write()、read() 和 close() 函数。

3.1.2　设备驱动程序的结构

虽然不同设备的驱动程序各不相同，但其结构都是相似的。

1. 驱动程序的组成

驱动程序主要由 3 个方面组成：

（1）自动配置和初始化子程序

该子程序用来检测所需驱动的硬件设备是否工作正常，对正常工作的设备及其相关驱动程序所需要的软件状态进行初始化。

（2）I/O 请求子程序

该子程序称为驱动程序的上半部。这部分程序在执行时，系统仍认为与进行调用的进程属于同一个进程，只是由用户态变成了核心态，可以在其中调用 sleep() 等与进程运行环境有关的函数。

(3) 中断服务子程序

该程序又称为驱动程序的下半部,由 Linux 系统来接收硬件中断,再由系统调用中断服务子程序。

在系统内部,I/O 设备的存取通过一组固定的入口点来进行,入口点也可以理解为设备的句柄,就是对设备进行操作的基本函数。

2. 驱动程序结构

驱动程序结构包含 3 个结构体,即 file_structions{}、file{}和 inode{}。

(1) file_structions{}

file_structions{}定义在 include/linux/fs.h 之中,属于驱动程序接口,是 linux 内核的重要数据结构,也是 file{}和 inode{}结构的重要成员。

file_structions{}结构的完整定义如下:

```
struct file_operations {
    struct module * owner;
    loff_t ( * llseek) (struct file * , loff_t, int);
    ssize_t ( * read) (struct file * , char * , size_t, loff_t * );
    ssize_t ( * write) (struct file * , const char * , size_t, loff_t * );
    int ( * readdir) (struct file * , void * , filldir_t);
    unsigned int ( * poll) (struct file * , struct poll_table_struct * );
    int ( * ioctl) (struct inode * , struct file * , unsigned int, unsigned long);
    int ( * mmap) (struct file * , struct vm_area_struct * );
    int ( * open) (struct inode * , struct file * );
    int ( * flush) (struct file * );
    int ( * release) (struct inode * , struct file * );
    int ( * fsync) (struct file * , struct dentry * , int datasync);
    int ( * fasync) (int, struct file * , int);
    int ( * lock) (struct file * , int, struct file_lock * );
    ssize_t ( * readv) (struct file * , const struct iovec * , unsigned long, loff_t * );
    ssize_t ( * writev) (struct file * , const struct iovec * , unsigned long, loff_t * );
    ssize_t ( * sendpage) (struct file * , struct page * , int, size_t, loff_t * , int);
    unsigned long ( * get_unmapped_area)(struct file * ,unsigned long,unsigned long,
        unsigned long, unsigned long);
};
```

其中:

llseek:　移动文件指针的位置,只能用于可以随机存取的设备。

read:　　进行读操作,buf 为存放读取结果的缓冲区,count 为所要读取的数据长度。

write:　　进行写操作,与 read 类似。

select:　 进行选择操作。

ioctl：　控制设备，进行读、写以外的其他操作。

mmap：　用于把设备的内容映射到地址空间，一般只有块设备驱动程序使用。

open：　打开设备进行 I/O 操作。返回 0 表示打开成功，返回负数表示打开失败。

release：关闭设备并释放资源。

(2) struct file{}

struct file 主要用于与文件系统相关的设备驱动程序，可提供关于被打开文件的信息，定义如下：

```
struct file {
    struct list_head         f_list;
    struct dentry            * f_dentry;
    struct vfsmount          * f_vfsmnt;
    struct file_operations   * f_op;
    atomic_t                 f_count;
    unsigned int             f_flags;
    mode_tf_mode;
    loff_tf_pos;
    unsigned long f_reada, f_ramax, f_raend, f_ralen, f_rawin;
    struct fown_struct       f_owner;
    unsigned int   f_uid, f_gid;
    int            f_error;
    unsigned long f_version;
    /* needed for tty driver, and maybe others */
    void                 * private_data;
    /* preallocated helper kiobuf to speedup O_DIRECT */
    struct kiobuf        * f_iobuf;
    long                 f_iobuf_lock;
};
```

(3) struct inode{}

struct inode 称为索引节点数据结构，主要用于提供关于特别设备文件/dev/driver(假设此设备名为 driver)的信息，定义如下：

```
struct inode {
    struct list_head    i_hash;
    struct list_head    i_list;
    struct list_head    i_dentry;
    struct list_head    i_dirty_buffers;
    struct list_head    i_dirty_data_buffers;
    unsigned long       i_ino;
    atomic_t            i_count;
    kdev_t              i_dev;
    umode_t             i_mode;
```

```
    nlink_t              i_nlink;
    uid_t                i_uid;
    gid_t                i_gid;
    kdev_t               i_rdev;
    loff_t               i_size;
    time_t               i_atime;
    time_t               i_mtime;
    time_t               i_ctime;
    unsigned int         i_blkbits;
    unsigned long        i_blksize;
    unsigned long        i_blocks;
    unsigned long        i_version;
    struct semaphore     i_sem;
    struct semaphore     i_zombie;
    struct inode_operations    * i_op;
    struct file_operations     * i_fop;
    struct super_block         * i_sb;
    wait_queue_head_t           i_wait;
    struct file_lock           * i_flock;
    struct address_space       * i_mapping;
    struct address_space        i_data;
    struct dquot               * i_dquot[MAXQUOTAS];
    struct list_head            i_devices;
    struct pipe_inode_info     * i_pipe;
    struct block_device        * i_bdev;
    struct char_device         * i_cdev;
    unsigned long        i_dnotify_mask;
    struct dnotify_struct      * i_dnotify;
    unsigned long        i_state;
    unsigned int         i_flags;
    unsigned char        i_sock;
    atomic_t             i_writecount;
    unsigned int         i_attr_flags
    __u32                i_generation;
    union {
      struct minix_inode_info      minix_i;
      struct ext2_inode_info       ext2_i;
      struct ext3_inode_info       ext3_i;
      struct hpfs_inode_info       hpfs_i;
      struct ntfs_inode_info       ntfs_i;
      struct msdos_inode_info      msdos_i;
      struct umsdos_inode_info     umsdos_i;
      struct iso_inode_info        isofs_i;
      struct nfs_inode_info        nfs_i;
      struct sysv_inode_info       sysv_i;
```

```
        struct affs_inode_info            affs_i;
        struct ufs_inode_info             ufs_i;
        struct efs_inode_info             efs_i;
        struct romfs_inode_info           romfs_i;
        struct shmem_inode_info           shmem_i;
        struct coda_inode_info            coda_i;
        struct smb_inode_info             smbfs_i;
        struct hfs_inode_info             hfs_i;
        struct adfs_inode_info            adfs_i;
        struct qnx4_inode_info            qnx4_i;
        struct reiserfs_inode_info        reiserfs_i;
        struct bfs_inode_info             bfs_i;
        struct udf_inode_info             udf_i;
        struct ncp_inode_info             ncpfs_i;
        struct proc_inode_info            proc_i;
        struct socket                     socket_i;
        struct usbdev_inode_info          usbdev_i;
        struct jffs2_inode_info           jffs2_i;
        void                            * generic_ip;
    } u;
};
```

在用户自己的驱动程序中,首先要根据驱动程序的功能,完成 file_operations 结构中函数的实现。不需要的函数接口可以直接在 file_operations 结构中初始化为 NULL。file_operations 中的变量会在驱动程序初始化时注册到系统内部。每个进程对设备的操作,都会根据主次设备号,转换成对 file_operations 结构的访问。

3.1.3　设备驱动开发的 API 函数

为方便设备驱动程序的开发,Linux 系统提供了一组 API 函数,熟悉和有效使用这些函数,可使驱动开发工作事半功倍。

1. 设备号分配与释放函数

设备号用一个数字表示,是设备的标志。设备号有主设备号和次设备号之分,其中主设备号表示设备类型,对应于确定的驱动程序,具备相同主设备号的设备之间共用同一个驱动程序,而用次设备号来标识具体物理设备。因此,在创建字符设备之前,必须先获得设备的编号。

分配设备号有静态和动态两种方法。静态分配是指在事先知道设备主设备号的情况下,使用 register_chrdev_region()函数,通过参数指定第一个设备号(它的次设备号通常为 0),而向系统申请分配一定数目的设备号。动态分配是指通过参数设置第一个次设备号(通常为 0,事先无法知道主设备号)和要分配的设备数目,而系统动态分配所需要的设备,使用 alloc_chrdev_region()函数。

通过 unregister_chrdev_region()函数释放已分配的（无论是静态还是动态）设备号。函数格式如表 3-1 所列。

表 3-1　设备号分配与释放函数

所需头文件	# include<linux/fs. h>
函数原型	int register_chrdev_region(dev_t first,unsigned int count,char * name) int alloc_chrdev_region(dev_t * dev, unsigned int firstminor, unsigned int count,char * name) void unregister_chrdev_region(dev_t first, unsigned int count)
函数参数	First:要分配的设备号的初始值 Count:要分配（释放）的设备号数目 Name:要申请设备号的设备名称（在/proc/devices 和 sysfs 中显示） Dev:动态分配的第一个设备号
函数返回值	成功:0(只限于两种注册函数) 失败:-1(只限于两种注册函数)

2. 设备注册函数

在获得了系统分配的设备号之后，通过注册设备才能实现设备号和驱动程序之间的关联。

在 Linux 内核中使用 struct cdev{}结构来描述字符设备，在驱动程序中必须将已分配到的设备号和设备操作接口赋予 cdev 结构变量。首先使用 cdev_alloc()函数向系统申请分配 cdev 结构，再用 cdev_init()函数初始化已分配到的结构，并与 file_operations 结构关联起来，最后调用 cdev_add()函数将设备号与 struct cdev 结构进行关联，并向内核正式报告新设备的注册，这样新设备就可以使用了。

如果要从系统中删除一个设备，则要调用 cdev_del()函数。具体函数使用格式如表 3-2 所列。

表 3-2　字符设备注册函数

所需头文件	# include<linux/cdev. h>
函数原型	struct cdev * cdev_alloc(void) void cdev_init(struct cdev * cdev,struct file_operations * fops) int cdev_add(struct cdev * cdev,dev_t num,unsigned int count) void cdev_del(struct cdev * cdev)
函数参数	cdev:需要初始化/注册/删除的 struct cdev 结构 fops:该字符设备的 file_operations 结构 num:系统给该设备分配的第一个设备号 count:该设备对应的设备号数量

续表 3 - 2

所需头文件	#include<linux/cdev.h>
函数返回值	成功:cdev_alloc 返回分配到的 struct cdev 结构指针,cdev_add 返回 0 失败:cdev_alloc 返回 NULL,cdev_add 返回 -1

3. 打开设备函数

打开设备的函数接口是 open,根据设备的不同,open 函数接口完成的功能也有所不同,其原型如下:

```
int ( * open)(struct inode * ,struct file * );
```

通常情况下,在 open 函数接口中要完成以下工作:

① 如果未初始化,则进行初始化。

② 识别次设备号,如果必要,更新 f_op 指针。

③ 分配并填写被置于 filp→private_data 的数据结构。

④ 检查设备特定的错误(诸如设备未就绪或类似的硬件问题)。

打开计数是 open 函数接口中常见的功能,它用于计算自从设备驱动加载以来设备被打开过的次数。由于设备在使用时通常会多次被打开,也可以由不同的进程所使用,所以,若有一进程想要删除该设备,则必须保证其他设备没有使用该设备。因此使用计数器就可以很好地完成此项功能。

4. 释放设备函数

释放设备的函数接口是 release,其原型如下:

```
release();
```

释放设备时主要完成以下工作:

① 释放打开设备时系统所分配的内存空间(包括 filp→private_data 指向的内存空间)。

② 在最后一次关闭设备(使用 close()系统调用)时,才会真正释放设备(执行 release()函数),即在打开计数等于 0 时的 close()系统调用才会真正进行设备的释放操作。

释放设备和关闭设备是有区别的。当一个进程释放设备时,其他进程还能使用该设备,只是该进程暂时停止对该设备的使用,并没有真正关闭该设备。而当一个进程关闭该设备时,其他进程必须重新打开此设备才能使用它。

5. 读/写设备函数

读/写设备的主要任务就是把内核空间的数据复制到用户空间,或者从用户空间复制到内核空间,也就是将内核空间缓冲区里的数据复制到用户空间的缓冲区或者相反。Linux 为读/写设备提供的函数为 read()和 write(),具体函数使用格式如表 3 - 3 所列。

表 3 - 3 读/写设备函数

所需头文件	#include<linux/fs.h>
函数原型	ssize_t(*read)(struct file *filp,char *buff,size_t count,loff_t *offp) ssize_t(*write)(struct file *filp,const char *buff,size_t count,loff_t *offp)
函数参数	filp:文件指针 buff:指向用户缓冲区 count:传入的数据长度 offp:用户在文件中的位置
函数返回值	成功:写入的数据长度 失败:cdev_alloc 返回 NULL,cdev_add 返回-1

读/写设备的本质是实现内核空间和用户空间的数据传输,数据传输的另一种形式是交换,即将内核空间和用户空间的数据交换。Linux 提供 copy_to_user()和 copy_from_user()函数用于实现用户空间和内核空间的数据交换,函数使用格式如表 3 - 4 所列。

表 3 - 4 数据交换函数

所需头文件	#include<asm/uaccess.h>
函数原型	unsigner long copy_to_user(void *to,const void *from,unsigned long count) unsigner long copy_from_user(void *to,const void *from,unsigned long count)
函数参数	to:数据目的缓冲区 from:数据源缓冲区 count:数据长度
函数返回值	成功:写入的数据长度 失败:-EFAULT

这两个函数不仅可以实现用户空间和内核空间的数据交换,而且还会检查用户空间指针的有效性。如果指针无效,那么就不进行复制。

读/写数据的成败和控制可通过函数返回值加以判断和处理。

读函数的判断和处理:

① 返回值等于传递给 read 系统调用的 count 参数,表明请求的数据传输成功。

② 返回值大于 0,但小于传递给 read 系统调用的 count 参数,表明部分数据传输成功,根据设备的不同,导致这个问题的原因也不同,一般采取再次读取的方法。

③ 返回值等于 0,表明到达文件末尾。

④ 返回值为负数,表明出现错误,并且指明是何种错误。

⑤ 在阻塞型 I/O 中,read 调用会出现阻塞。

6. 设备控制函数

大多数设备除了读/写操作之外,还需要硬件配置和控制。在字符设备驱动中,

ioctl()函数提供了对设备进行非读/写操作的机制,函数使用格式如表 3-5 所列。

表 3-5　设备控制函数

所需头文件	# include＜linux/fs.h＞
函数原型	int(* ioctl) (struct inode * inode,struct file * filp,unsigned int cmd,unsigned long arg)
函数参数	inode:文件的内核内部结构指针 filp:被打开的文件描述符 cmd:命令类型 arg:命令相关参数

7. 获取内存函数

在 Linux 应用程序开发中,获取内存通常使用函数 malloc(),但在设备驱动程序中动态开辟内存可以以字节或页面为单位。其中,以字节为单位分配内存的函数有 kmalloc(),kmalloc()函数返回的是物理地址,而 malloc()等返回的是线性虚拟地址,因此,在驱动程序中不能使用 malloc()函数。与 malloc()不同,kmalloc()申请空间有大小限制,长度是 2 的整次方,并且不会对所获取的内存空间清零。

如果驱动程序需要分配比较大的空间,使用基于页的内存分配函数会好些。

以页为单位分配内存的函数如下:

(1) get_zeroed()函数分配一个页大小的空间并清零该空间。

(2) _get_free_page()函数分配一个页大小的空间,但不清零该空间。

(3) _get_free_pages()函数分配多个物理上连续的页空间,但不清零该空间。

(4) _get_dma_pages()函数在 DMA 的内存区段中分配多个物理上连续的页空间。

与之相对应的释放内存的函数有 kfree()和 free_page()函数族。

kmalloc()函数使用格式如表 3-6 所列。

表 3-6　kmalloc()函数使用格式

所需头文件	# include＜linux/malloc.h＞
函数原型	void * kmalloc(unsigned int len,int flags)
函数参数	len:希望申请的字节数 flags:GFP_KERNEL:内核内存的通常分配方法,可能引起睡眠 　　　　GFP_BUFFER:用于管理缓冲区高速内存 　　　　GFP_ATOMIC:为中断处理程序或其他运行于进程上下文之外的代码分配内存 　　　　GFP_USER:用户分配内存,可能引起睡眠 　　　　GFP_HIGHUSER:优先高端内存分配 　　　　_ GFP_DMA:DMA 数据传输请求内存 　　　　_ GFP_HIGHMEN:请求高端内存
函数返回值	成功:写入的数据长度 失败:-EFAULT

kfree()函数使用格式如表 3-7 所列。

表 3-7 kfree()函数使用格式

所需头文件	#include<linux/malloc.h>
函数原型	void kfree(void * obj)
函数参数	obj:要释放的内存指针
函数返回值	成功:写入的数据长度 失败:-EFAULT

get_free_page()函数使用格式如表 3-8 所列。

表 3-8 Get_free_page()函数使用格式

所需头文件	#include<linux/malloc.h>
函数原型	unsigned long get_zeroed_page(int flags) unsigned long __get_free_page(int flags) unsigned long __get_free_page(int flags,unsigned long order) unsigned long __get_dma_pages(int flags,unsigned long order)
函数参数	flags:同 kmalloc() order:要请求的页面数,以 2 为底的对数
函数返回值	成功:返回指向新分配的页面的指针 失败:-EFAULT

free_page()函数使用格式如表 3-9 所列。

表 3-9 free_page()函数使用格式

所需头文件	#include<linux/malloc.h>
函数原型	unsigned long free_page(unsigned long addr) unsigned long free_page(unsigned long addr, unsigned long order)
函数参数	addr:要释放的内存起始地址 order:要请求的页面数,以 2 为底的对数
函数返回值	成功:写入的数据长度 失败:-EFAULT

8. 打印函数

在内核空间用 prink()函数实现消息的打印,函数使用格式如表 3-10 所列。

表 3 - 10　printk( )函数使用格式

所需头文件	#include<linux/kernel. h>
函数原型	int printk(const char * fmt,…)
函数参数	fmt：KERN_EMERG：紧急时间消息 　　　KERN_ALERT：需要立即采取动作的情况 　　　KERN_CRIT：　临界状态,通常涉及严重的硬件或软件操作失败 　　　KERN_ERR：　错误报告 　　　WARNING：　对可能出现的问题提出警告 　　　NOTICE：　有必要进行提示的正常情况 　　　KERN_INFO：　提示性信息 　　　KERN_DEBUG：调试信息 … ：与 printf()参数相同
函数返回值	成功：0 失败：−1

这些不同优先级的信息输出到系统日志文件(如/var/log/messages),有时也可以输出到虚拟控制台上,其中,对输出给控制台的信息有一个特定的优先级 console_loglevel。只有打印消息的优先级小于这个整数值,信息才能被输出到虚拟控制台上,否则,信息仅仅被写入到系统日志文件中。若不加任何优先级选项,则消息默认输出到系统日志文件中。

9. 中断处理函数

中断是现在所有微处理器的重要功能,Linux 驱动程序中处理中断的函数格式如表 3 - 11 所列。

表 3 - 11　中断函数使用格式

所需头文件	#include<linux/kernel. h>
函数原型	extern int request_irq(unsigned int irq,void(* handler)(int,void * ,struct pt_regs *),unsigned long flag,const char * dev_name,void * dev_id); extern void free_irq(unsigned int, void *);
函数参数	irq:请求的中断号 void(* handler)(int,void * ,struct pt_regs *):要安装的处理函数指针 unsigned long flag:与中断相关的位掩码 const char * dev_name:在/proc/interrupts 中显示的中断拥有者 void * dev_id:用于标识产生中断的设备号
函数返回值	成功：0 失败：−1

中断处理程序与普通 C 程序没有太大差别,不同的是中断处理程序在中断期间运行有如下限制:

① 不能向用户空间发送或接收数据。

② 不能执行有睡眠操作的函数。

③ 不能调用调度函数。

一般应该在设备第一次 open 时使用 request_irq 函数,在设备最后一次关闭时使用 free_irq。

10. 加载和卸载驱动程序函数

(1) 入口函数

在编写模块程序时,必须提供两个函数,一个是 int init_module(),在加载此模块的时候自动调用,负责进行设备驱动程序的初始化工作。init_module()返回 0,表示初始化成功,返回负数表示失败,它在内核中注册一定的功能函数。在注册之后,如果有程序访问内核模块的某个功能,内核将查表获得该功能的位置,然后调用功能函数。init_module()的任务就是为以后调用模块的函数做准备。

另一个函数是 void cleanup_module(),该函数在模块被卸载时调用,负责进行设备驱动程序的清除工作。这个函数的功能是取消 init_module()所做的事情,把 init_module()函数在内核中注册的功能函数完全卸载,如果没有完全卸载,在此模块下次调用时,将会因为有重名的函数而导致调入失败。

在 Linux 2.3 版本以上的 Linux 内核中,提供了一种新的方法来命名这两个函数。例如,可以定义 init_my()代替 init_module()函数,定义 exit_my()代替 cleanup_module()函数,然后在源代码文件末尾使用下面的语句:

```
module_init(init_my);
module_exit(exit_my);
```

这样做的好处是,每个模块都可以有自己的初始化和卸载函数的函数名,多个模块在调试时不会有重名的问题。

(2) 模块加载与卸载

虽然模块作为内核的一部分,但并未被编译到内核中,它们被分别编译和链接成目标文件。Linux 中模块可以用 C 语言编写,用 gcc 命令编译成模块 * .o,在命令行里加上 - c 的参数和"- D__KERNEL__ - DMODULE"参数。然后用 depmod - a 使此模块成为可加载模块。模块用 insmod 命令加载,用 rmmod 命令来卸载,这两个命令分别调用 init_module()和 cleanup_module()函数,还可以用 lsmod 命令来查看所有已加载的模块的状态。

insmod 命令可将编译好的模块调入内存。内核模块与系统中其他程序一样是已链接的目标文件,但不同的是它们被链接成可重定位映像。insmod 将执行一个特权级系统调用 get_kernel_sysms()函数以找到内核的输出内容,insmod 修改模块对内核符号的引用后,将再次使用特权级系统调用 create_module( )函数来申请足够的物理内存空间,以保存新的模块。内核将为其分配一个新的 module 结构,以及足够的内核内存,并将新模块添加在内核模块链表的尾部,然后将新模块标记为 uninitialized。

利用 rmmod 命令可以卸载模块。如果内核中还在使用此模块,这个模块就不能被卸载。原因是如果设备文件正被一个进程打开就卸载还在使用的内核模块,并导致对内核模块的读/写函数所在内存区域的调用。如果幸运,没有其他代码被加载到那个内存区域,将得到一个错误提示;否则,另一个内核模块被加载到同一区域,这就意味着程序跳到内核中另一个函数的中间,结果是不可预见的。

3.1.4　设备驱动程序的调试

1. 使用 printk 函数

调试驱动程序最简单的方法是使用 printk 函数。printk 函数中可以附加不同的日志级别或消息优先级,如下所示:

```
printk(KERN_DEBUG "Here is : % s: % i\n",_FILE_,_LINE_)
```

在头文件中定义了 8 种可用的日志级别的字符串:

① KERN_EMERG;

② KERN_ALERT;

③ KERN_CRIT;

④ KERN_ERR;

⑤ KERN_WARNING;

⑥ KERN_NOTICE;

⑦ KERN_INFO;

⑧ KERN_DEBUG。

当优先级别小于 Console_loglevel 这个整数时,消息才能被显示到控制台,如果系统运行了 klogd 和 syslogd,则内核将把消息输出到/var/log/message 中。

2. 使用 /proc 文件系统

/proc 文件系统是由程序创建的文件系统,内核利用它向外输出信息。/proc 目录下的每一个文件都被绑定到一个内核函数,这个函数在此文件被读取时,动态地生成文件的内容。典型的例子就是 ps、top 命令,就是通过读取/proc 下的文件来获取需要的信息。大多数情况下 proc 目录下的文件是只读的。使用/proc 的模块必须包含<linux/proc_fs. h>头文件。接口函数 read_proc 可用于输出信息,其定义如下:

```
int( * read_proc)(char * page,char * * start,off_t offset,int count,int * eof,void * data)
```

参数含义如下：

page：　将要写入数据的缓冲区指针。

start：　数据将要写入的页面位置。

offset：页面中的偏移量。

count：写入的字节数。

eof：　指向一个整型数，当没有更多数据时，必须设置这个参数。

data：　驱动程序特定的数据指针，可用于内部使用。

函数的返回值表示实际放入页面缓冲区的数据字节数。建立函数与 count 目录下的文件之间关联使用 creat_proc_read_entry()函数，其定义如下：

```
struct proc_dir_entry * creat_proc_entry)const char * name,mode_t mode,struct proc_
dir_entry * parent);
```

参数含义如下：

name：　文件名称。

mode：　文件权限。

parent：文件的父目录指针，为 null 时代表父目录为/proc。

3. 使用 ioctl 方法

ioctl 系统调用会调用驱动的 ioctl 方法，可以通过设置不同的命名号来编写一些测试函数，使 ioctl 系统调用在用户级调用这些函数进行测试。

4. 使用 strace 命令

strace 是一个功能强大的工具，它可以显示用户空间的程序发出的全部系统调用，不仅可以显示调用，还可以显示调用的参数和用符号方式表示的返回值。

strace 有如下几个参数：

-t：显示调用发生的时间

-T：显示调用花费的时间

-e：限制被跟踪的系统调用的类型

-o：将输出重定向到一个文件

由于 trace 是从内核接收信息，所以它可以跟踪没有使用调试方式编译的程序，还可以跟踪一个正在运行的进程。可以使用它生成跟踪报告，交给应用程序开发人员，对于内核开发人员同样有用。可以通过每次对驱动调用的输入/输出数据的检查，发现驱动的工作是否正常。

3.2　项目需求

嵌入式 Linux 设备驱动程序是操作系统内核和目标机硬件之间的接口，是应用程序与硬件之间的一个中间层软件。设备驱动程序为应用程序屏蔽了硬件的细节，应用程序可以像操作普通文件一样对硬件设备进行操作，从而实现嵌入式系统的输入检测和输出控制功能。

本项目需求如下：

① 设计一个内核态的 Hello World 驱动程序。

② 设计一个 Led 驱动程序，可实现对目标机核心板上 4 个 Led 指示灯的打开和关闭。

③ 设计一个键盘驱动程序，可实现对目标机主板上 8 个按键的响应。

3.3　项目设计

3.3.1　理解驱动开发的本质

通常所说的设备驱动程序接口是指 file_operation{}结构，定义在 include/linux/fs.h 中。file_operation{}结构是整个 Linux 内核的重要数据结构，也是 file{}和 inode{}结构的重要成员。

随着内核的不断升级，file_operation{}的结构也越来越大，不同版本的内核会稍有不同。在用户自己的驱动程序中，首先要根据驱动程序的功能，完成 file_operation{}结构中函数的实现。不需要的函数接口可以直接在 file_operation{}结构中初始化为 NULL，file_operation{}变量会在驱动初始化时注册到系统内部。当操作系统对设备进行操作时，会调用驱动程序注册的 file_operation{}结构中的函数指针。

在 Linux 中对底层硬件设备的操作控制就是通过这个接口来完成的，这个结构的每个成员名字都对应着一个系统调用，用户进程利用系统调用，在对设备进行诸如 read、write 等操作时，系统调用通过设备文件的主设备号找到相应的设备驱动程序，然后读取这个数据结构相应的函数指针，接着把控制权交给该函数，这就是 Linux 设备驱动程序的工作原理。因此，开发驱动程序的主要工作就是编写子函数，并填充 file_operation{}结构中的各个域。

在嵌入式系统的开发中，一般只需要实现其中几个接口函数：open、read、write、ioctl、release，就可以完成应用程序需要的功能。

3.3.2　驱动开发的一般流程

由于嵌入式设备种类非常丰富，在默认的内核发布版中不一定包含所有驱动程序。所以进行嵌入式 Linux 系统开发，很大的工作量是为各种设备编写驱动程序（除非系统不使用操作系统而直接操纵硬件）。嵌入式 Linux 系统驱动程序开发与普通 Linux 开发相似，可以在硬件生产厂家或者 Internet 上寻找驱动程序，也可以根据相近的硬件驱动程序来改写，这样可以加快开发速度。

实现一个嵌入式 Linux 设备驱动程序的一般流程如下：

① 查看原理图，理解设备的工作原理。一般嵌入式处理器的生产商应提供参考电路，也可以根据需要自行设计。

② 定义设备号。设备由一个主设备号和一个次设备号来标识。主设备号唯一标识设备类型，对应于确定的驱动程序，具备相同主设备号的设备之间共用同一个驱动程序。次设备号用来标识具体物理设备，仅由设备驱动程序解释。

③ 实现初始化函数。在驱动程序中实现驱动的注册和卸载。

④ 设计 file_operations 结构。实现所需的文件操作调用，如 read、write 等。

⑤ 完成编译。选择编译方式，或编译到内核中，或编译成可用 insmod 命令加载的模块。

⑥ 测试驱动。编写应用程序，对驱动程序进行测试。

3.3.3 内核态"Hello World"驱动程序设计

项目 2 中设计的"Hello World"应用程序是运行于用户态的程序，其开发方法遵从应用程序编写规则。内核态的"Hello World"程序属于驱动程序范畴，其开发方法遵从驱动程序的编写规则，需要用开发驱动程序的方法进行编写与调试。

3.3.4 LED 驱动程序设计

在嵌入式 Linux 应用系统中，大部分的硬件都需要驱动才能操作，比如触摸屏、网卡和音频等。要编写面向硬件的实际驱动，就必须了解相关的硬件资源，比如用到的寄存器、物理地址和中断等。

LED 是嵌入式 Linux 开发中最常用的状态指示设备，本开发板中有 4 个用户可编程 LED，它们位于核心板上，如图 3-3 所示。

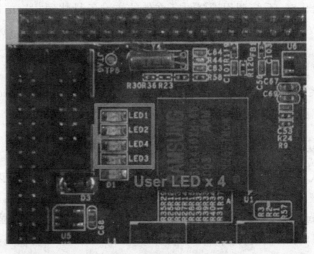

图 3-3 核心板 LED 电路

4 个 LED 的电路连接如图 3 - 4 所示。

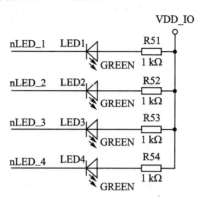

图 3 - 4　LED 电路连接图

LED 占用 ARM6410 端口资源情况如表 3 - 12 所列。

表 3 - 12　LED 物理连接表

LED	连接 CPU 引脚	端口配置寄存器	端口数据寄存器
LED1	R23/GPK4	GPKCON	GPKDAT
LED2	R22/GPK5	GPKCON	GPKDAT
LED3	R24/GPK6	GPKCON	GPKDAT
LED4	R25/GPK7	GPKCON	GPKDAT

要控制 LED 灯的亮和灭,就需要控制与 LED 灯相连的 CPU 引脚,而引脚的控制是由相应的控制寄存器 GPKCON 和数据寄存器管理的。GPKCON 的定义如表 3 - 13 所列,GPKDAT 的定义如表 3 - 14 所列。

表 3 - 13　GPKCON 定义表

GPKCON	位	功能定义		初始状态
GPK4	[19:16]	0000 = Input 0010 = Host I/F DATA[4] 0100 = Reserved 0110 = Reserved	0001 = Output 0011 = HSI TX READY 0101 = DATA_CF[4] 0111 = Reserved	0010
GPK5	[23:20]	0000 = Input 0010 = Host I/F DATA[5] 0100 = Reserved 0110 = Reserved	0001 = Output 0011 = HSI TX WAKE 0101 = DATA_CF[5] 0111 = Reserved	0010

续表 3 – 13

GPKCON	位	功能定义		初始状态
GPK6	[27:24]	0000 = Input 0010 = Host I/F DATA[6] 0100 = Reserved 0110 = Reserved	0001 = Output 0011 = HSI TX FLAG 0101 = DATA_CF[6] 0111 = Reserved	0010
GPK7	[31:28]	0000 = Input 0010 = Host I/F DATA[7] 0100 = Reserved 0110 = Reserved	0001 = Output 0011 = HSI TX DATA 0101 = DATA_CF[7] 0111 = Reserved	0010

72

表 3 – 14 GPKDAT 数据表

GPKDAT	位	功能定义
GPK[15:0]	[15:0]	当端口配置为输入引脚时,GPKDAT 相应位值置位 CPU 引脚 当端口配置为输出引脚时,GPKDAT 相应位值置位 CPU 引脚 当端口配置为功能引脚时,GPKDAT 中为 CPU 引脚的未定义值

从端口配置寄存器和端口数据寄存器的功能定义可见,S3C6410 的端口是复用的,同一个端口既可以作为输入使用,也可以作为输出使用,还可以具有其他功能。因此,要编写控制 LED 的驱动程序,本质上就是要控制与之相连的 I/O 口,设置它们所用到的寄存器,根据点亮和熄灭的要求控制相应 CPU 引脚为高电位或低电位,即:

① 设置 GPKCON,以使 I/O 引脚功能为输出。

② 要点亮 LED,则设置 GPKDAT 对应的位为 0。

③ 要熄灭 LED,则设置 GPKDAT 对应的位为 1。

具体编程时可以调用系统资源中的函数或者宏,在此用到的是 readl 和 writel,它们将直接对相应的寄存器执行读取和写入的操作。除此之外,还需要调用一些和设备驱动密切相关的基本函数,如注册设备 misc_register、填写驱动函数结构 file_operations 以及像 Hello Module 中那样的 module_init 和 module_exit 函数等。

3.3.5 按键驱动程序设计

本开发板有 8 个可供用户编程的按键,它们均从 CPU 中断引脚直接引出,属于低电平触发,这些引脚也可以复用为 GPIO 和特殊功能口,如图 3-5 所示。

按键占用系统资源情况如表 3-15 所列。

图 3 - 5　开发板按键

表 3 - 15　GPKDAT 数据

按　键	占用 I/O 寄存器	对应中断
K1	GPN0	EINT0
K2	GPN1	EINT1
K3	GPN2	EINT2
K4	GPN3	EINT3
K5	GPN4	EINT4
K6	GPN5	EINT5
K7	GPL11	EINT19
K8	GPL12	EINT20

编写按键驱动程序时,除应用一般驱动编写方法外,还要编写相应的中断处理程序。

3.4　项目实施

任务一:实现内核态的驱动程序

一个运行于内核态的 Hello Module 程序,本质上就是一个最简单的驱动程序,实现步骤如下:

1. 编写驱动程序源代码

按编写驱动程序的方法,内核态 Hello Module 驱动程序典型代码如下:

```
//Mini6410_hello_module.c
# include <linux/kernel.h>
# include <linux/module.h>
static int __init mini6410_hello_module_init(void)
```

```
{
    printk("Hello, Mini6410 module is installed ! \n");
    return 0;
}
static void __exit mini6410_hello_module_cleanup(void)
{
    printk("Good - bye, Mini6410 module was removed! \n");
}
module_init(mini6410_hello_module_init);
module_exit(mini6410_hello_module_cleanup);
MODULE_LICENSE("GPL");
```

2. 把 Hello Module 加入内核代码树并编译

一般编译 2.6 版本的驱动模块需要把驱动代码加入内核代码树,并做相应的配置,操作步骤如下:

① 把驱动程序源文件 Mini6410_hello_module. c 复制到 linux - 2. 6. 38/drivers/char 下。

② 编辑配置文件 Kconfig,加入驱动选项,使之在执行 make menuconfig 的时候能够出现 Hello Module 选项。

打开 linux - 2. 6. 38/drivers/char/Kconfig 文件,添加 Hello Module 选项,如图 3 - 6 所示。

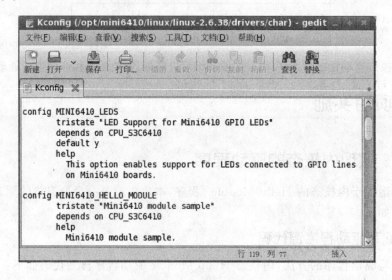

图 3 - 6　修改配置文件

保存退出,这时在 linux - 2. 6. 38 目录位置运行 make menuconfig,就可以在 Device Drivers → Character devices 菜单中看到所添加的选项,按下空格键将会选择为<M>,此意为要把该选项编译成模块方式;再按下空格会变为< * >,意为要把该选项编译到内核中,在此选择<M>,如图 3-7 所示。

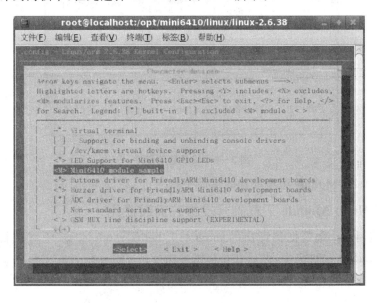

图 3-7　选择编译方式

③ 修改 Makefile 文件。通过上一步,虽然可以在配置内核的时候进行选择,但实际上此时执行编译内核还是不能把 mini6410_hello_module.c 编译进去,还需要在 Makefile 中把内核配置选项和真正的源代码联系起来。打开 linux-2.6.38/drivers/char/Makefile,添加如图 3-8 所示代码并保存退出。

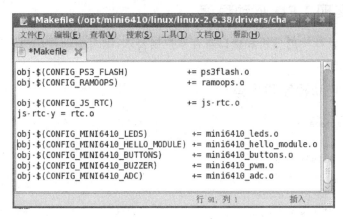

图 3-8　修改 Makefile

④ 编译驱动程序。这时回到 linux-2.6.38 源代码根目录位置,执行 make modules,在 linux-2.6.38/drivers/char/下就可以生成所需要的内核模块文件 mini6410_hello_module.ko,如图 3-9 所示。

图 3－9　编译驱动程序

至此,Hello Module 模块驱动的编译完毕。

3. 把 Hello Module 下载到开发板并安装使用

在此使用 ftp 命令把编译出的 mini6410_hello_module. ko 下载到目标机的/home/plg/Lab03 文件夹中,然后在目标机中执行:

```
# insmod mini6410_hello_module.ko
```

显示"Hello Mini6410, Module is installed!"。

可以看到该模块已经被装载了。再执行以下命令,可以看到该模块被卸载:

```
# rmmod mini6410_hello_module
```

显示"Good－bye, Mini6410 was removed!"。

任务二: 实现 LED 驱动程序

根据项目设计中的分析和接口寄存器控制要求,编写驱动程序加以实现,操作步骤如下:

1. 编写驱动程序源代码

```
//mini6410_leds.c
# include <linux/miscdevice.h>
# include <linux/delay.h>
# include <asm/irq.h>
# include <mach/hardware.h>
# include <linux/kernel.h>
# include <linux/module.h>
# include <linux/init.h>
# include <linux/mm.h>
# include <linux/fs.h>
# include <linux/types.h>
```

```
# include <linux/delay.h>
# include <linux/moduleparam.h>
# include <linux/slab.h>
# include <linux/errno.h>
# include <linux/ioctl.h>
# include <linux/cdev.h>
# include <linux/string.h>
# include <linux/list.h>
# include <linux/pci.h>
# include <asm/uaccess.h>
# include <asm/atomic.h>
# include <asm/unistd.h>
# include <mach/map.h>
# include <mach/regs - clock.h>
# include <mach/regs - gpio.h>
# include <plat/gpio - cfg.h>
# include <mach/gpio - bank - e.h>
# include <mach/gpio - bank - k.h>
# define DEVICE_NAME "leds"
static long sbc2440_leds_ioctl(struct file * filp, unsigned int cmd, unsigned long arg)
{
    switch(cmd)
    {
        unsigned tmp;
        case 0:
        case 1:
            if (arg > 4)
            {
                return - EINVAL;
            }
            tmp = readl(S3C64XX_GPKDAT);
            tmp& = ~(1 << (4 + arg));
            tmp| = ( (!cmd) << (4 + arg) );
            writel(tmp, S3C64XX_GPKDAT);
            return 0;
        default:
            return - EINVAL;
    }
}
static struct file_operations dev_fops =
{
    .owner      = THIS_MODULE,
```

```
    .unlocked_ioctl = sbc2440_leds_ioctl,
};
static struct miscdevice misc =
{
    .minor = MISC_DYNAMIC_MINOR,
    .name = DEVICE_NAME,
    .fops = &dev_fops,
};
static int __init dev_init(void)
{
    int ret;
    {
        unsigned tmp;
        tmp = readl(S3C64XX_GPKCON);
        tmp = (tmp & ~(0xffffU<<16))|(0x1111U<<16);
        writel(tmp, S3C64XX_GPKCON);
        tmp = readl(S3C64XX_GPKDAT);
        tmp |= (0xF << 4);
        writel(tmp, S3C64XX_GPKDAT);
    }
    ret = misc_register(&misc);
    printk (DEVICE_NAME"\tinitialized\n");
    return ret;
}
static void __exit dev_exit(void)
{
    misc_deregister(&misc);
}
module_init(dev_init);
module_exit(dev_exit);
MODULE_LICENSE("GPL");
```

2. 把 mini6410_leds. c 加入内核代码树并编译

① 把驱动程序源文件 mini6410_leds. c 复制到 linux – 2. 6. 38/drivers/char 下。
② 编辑配置文件 Kconfig,加入驱动选项:

```
config MINI6410_LEDS
    tristate "LED Support for Mini6410 GPIO LEDs"
    depends on CPU_S3C6410
    default y
    help
        This option enables support for LEDs connected to GPIO lines
```

on Mini6410 boards.

③ 在 linux - 2.6.38 目录下运行 make menuconfig,将 Device Drivers → Character devices→ LED Support for Mini6410 GPIO LEDs 菜单项选择为<M>。

④ 修改 linux - 2.6.38/drivers/char 下的 Makefile 文件,添加如下代码行并保存退出:

```
obj- $(CONFIG_MINI6410_LEDS)    + = mini6410_leds.o
```

⑤ 编译驱动程序。回到 linux - 2.6.38 源代码根目录位置,执行 make modules,在 linux - 2.6.38/drivers/char/下生成 led 内核模块文件 mini6410_leds.ko。

3. LED 驱动程序的加载运行

① 加载驱动程序。

通过 FTP 把 VMWare Linux 中生成的 LED 驱动程序 mini6410_leds.ko 下载到开发板的/home/plg/Lab03 目录下。

② 编写 LED 测试程序。

```c
//ledtest.c
# include <stdio.h>
# include <stdlib.h>
# include <unistd.h>
# include <sys/ioctl.h>
# include <sys/types.h>
# include <sys/stat.h>
# include <fcntl.h>
int main(int argc, char * * argv)
{
  int on;
  int led_no;
  int fd;
  if (argc!= 3 || sscanf(argv[1], "% d", &led_no) != 1 || sscanf(argv[2]," % d", &on)
    != 1||    on < 0 || on > 1 || led_no < 0 || led_no > 3)
  {
    fprintf(stderr, "Usage: leds led_no 0|1\n");
    exit(1);
  }
  fd = open("/dev/leds0", 0);
  if (fd < 0)
  {
    fd = open("/dev/leds", 0);
  }
  if (fd < 0)
```

```
{
    perror("open device leds");
    exit(1);
}
ioctl(fd, on, led_no);
close(fd);
return 0;
}
```

该程序首先读取命令行的参数输入,其中参数 argv[1]赋值给 led_no,表示 LED 的序号;argv[2]赋值给 on。led_no 的取值范围是 1~3,on 取值为 0 或 1,0 表示熄灭 LED,1 表示点亮 LED。

参数输入后通过 fd = open("/dev/leds", 0)打开设备文件,在保证参数输入正确和设备文件正确打开后,通过函数 ioctl(fd, on, led_no)实现系统调用 ioctl,并通过输入的参数控制 LED。在程序的最后关闭设备句柄。

③ 加载 LED 测试程序。

首先编写 Makefile 文件,如下所示:

```
INCLUDE = /usr/linux/include
EXTRA_CFLAGS = -D_KERNEL_ -DMODULE - I $ (INCLUDE ) - 02 - Wall - 0
all: leds.o ledtest
leds.o: leds.c
arm-linux-gcc $ (CFLAGS ) $ ( EXTRA_CFLAGS)-c leds.c- o leds.o
ledtest: ledtest.c
    arm-linux-gcc - g led.c- o ledtest
clean:
    rm - rf leds.o
    rm - rf ledtest
```

对 Makefile 文件执行 make 命令后,可以生成驱动模块 leds 和测试程序 ledtest。如果不想编写 Makefile 文件,也可以使用手动输入命令的方式编译驱动模块:

```
$ arm-linux-gcc - D_KERNEL_ - DMODULE - I $ (INCLUDE ) - 02 - Wall - 0 - c leds.c - o leds.o
```

以上命令将生成 leds.o 文件,将该文件复制到目标板的/home/plg/Lab03 目录下,使用以下命令安装 leds 模块:

```
$ insmod /home/plg/Lab03/leds.o
```

删除该模块的命令是:

```
$ rmmod leds.o
```

应用程序编译正确后如输入: $ ledtest

则提示：Usage：ledtest led_no 0|1

若输入：$ ledtest 2 1

则点亮 LED3。

任务三：实现键盘驱动程序

根据项目设计中的分析和接口寄存器控制要求，键盘驱动程序实现步骤如下：

1. 编写驱动程序源代码

```c
//mini6410_button.c
# include <linux/module.h>
# include <linux/kernel.h>
# include <linux/fs.h>
# include <linux/init.h>
# include <linux/delay.h>
# include <linux/poll.h>
# include <linux/irq.h>
# include <asm/irq.h>
# include <asm/io.h>
# include <linux/interrupt.h>
# include <asm/uaccess.h>
# include <mach/hardware.h>
# include <linux/platform_device.h>
# include <linux/cdev.h>
# include <linux/miscdevice.h>
# include <mach/map.h>
# include <mach/regs - clock.h>
# include <mach/regs - gpio.h>
# include <plat/gpio - cfg.h>
# include <mach/gpio - bank - n.h>
# include <mach/gpio - bank - l.h>
# define DEVICE_NAME    "buttons"
struct button_irq_desc
{
  int irq;
  int number;
  char * name;
};
static struct button_irq_desc button_irqs [] =
{
  {IRQ_EINT( 0), 0, "KEY0"},
  {IRQ_EINT( 1), 1, "KEY1"},
```

```
    {IRQ_EINT( 3), 3, "KEY3"},
    {IRQ_EINT( 4), 4, "KEY4"},
    {IRQ_EINT( 5), 5, "KEY5"},
    {IRQ_EINT(19), 6, "KEY6"},
    {IRQ_EINT(20), 7, "KEY7"},
};
static volatile char key_values [] = {'0','0', '0', '0', '0', '0', '0', '0'};
static DECLARE_WAIT_QUEUE_HEAD(button_waitq);
static volatile int ev_press = 0;
static irqreturn_t buttons_interrupt(int irq, void * dev_id)
{
    struct button_irq_desc * button_irqs = (struct button_irq_desc * )dev_id;
    int down;
    int number;
    unsigned tmp;
    udelay(0);
    number = button_irqs - >number;
    switch(number)
    {
      case 0: case 1: case 2: case 3: case 4: case 5:
        tmp = readl(S3C64XX_GPNDAT);
        down = !(tmp & (1<<number));
        break;
      case 6: case 7:
        tmp = readl(S3C64XX_GPLDAT);
        down = !(tmp & (1 << (number + 5)));
        break;
      default:
        down = 0;
    }
    if (down != (key_values[number] & 1))
    {
      key_values[number] = '0' + down;
      ev_press = 1;
      wake_up_interruptible(&button_waitq);
    }
    return IRQ_RETVAL(IRQ_HANDLED);
}
static int s3c64xx_buttons_open(struct inode * inode, struct file * file)
{
    int i;
    int err = 0;
```

```
for (i = 0; i < sizeof(button_irqs)/sizeof(button_irqs[0]); i++)
{
  if (button_irqs[i].irq < 0)
  {
    continue;
  }
  err = request_irq(button_irqs[i].irq, buttons_interrupt,
  IRQ_TYPE_EDGE_BOTH, button_irqs[i].name, (void *)&button_irqs[i]);
  if (err)
  {
    break;
  }
}
if (err)
{
  i--;
  for (; i >= 0; i--)
  {
    if (button_irqs[i].irq < 0)
    {
      continue;
    }
    disable_irq(button_irqs[i].irq);
    free_irq(button_irqs[i].irq, (void *)&button_irqs[i]);
  }
  return -EBUSY;
}
ev_press = 1;
return 0;
}
static int s3c64xx_buttons_close(struct inode *inode, struct file *file)
{
  int i;
  for (i=0; i<sizeof(button_irqs)/sizeof(button_irqs[0]); i++)
  {
    if (button_irqs[i].irq < 0)
    {
      continue;
    }
    free_irq(button_irqs[i].irq, (void *)&button_irqs[i]);
  }
  return 0;
```

```
    }
    static int s3c64xx_buttons_read(struct file * filp, char __user * buff, size_t
      count, loff_t * offp)
    {
      unsigned long err;
      if (! ev_press)
      {
        if (filp->f_flags & O_NONBLOCK)
        {
          return -EAGAIN;
        }
        else
        {
        wait_event_interruptible(button_waitq, ev_press);
        }
      }
      ev_press = 0;
      err = copy_to_user((void *)buff, (const void *)(&key_values),
        min(sizeof(key_values), count));
      return err ? -EFAULT : min(sizeof(key_values), count);
    }
    static unsigned int s3c64xx_buttons_poll( struct file * file, struct
      poll_table_struct * wait)
    {
      unsigned int mask = 0;
      poll_wait(file, &button_waitq, wait);
      if (ev_press)
        mask |= POLLIN | POLLRDNORM;
      return mask;
    }
    static struct file_operations dev_fops = {
      .owner    =   THIS_MODULE,
      .open     =   s3c64xx_buttons_open,
      .release  =   s3c64xx_buttons_close,
      .read     =   s3c64xx_buttons_read,
      .poll     =   s3c64xx_buttons_poll,
    };
    static struct miscdevice misc = {
      .minor = MISC_DYNAMIC_MINOR,
      .name  = DEVICE_NAME,
      .fops  = &dev_fops,
    };
```

```
static int __init dev_init(void)
{
  int ret;
  ret = misc_register(&misc);
  printk (DEVICE_NAME"\tinitialized\n");
  return ret;
}
static void __exit dev_exit(void)
{
  misc_deregister(&misc);
}
module_init(dev_init);
module_exit(dev_exit);
MODULE_LICENSE("GPL");
```

2. 编译键盘驱动程序 mini6410_button. c

① 把驱动程序源文件 mini6410_button. c 复制到 linux - 2. 6. 38/drivers/char 下。

② 编辑配置文件 Kconfig,加入驱动选项:

```
config MINI6410_BUTTONS
  tristate "Buttons driver for Mini6410 development boards"
  depends on CPU_S3C6410
  default y
  help
    this is buttons driver for Mini6410 development boards.
```

③ 在 linux - 2. 6. 38 目录下运行 make menuconfig,将 Device Drivers → Character devices→ Buttons Driver for Mini6410 development boards 菜单项选择为<M>。

④ 修改 linux - 2. 6. 38/drivers/char 下的 Makefile 文件,添加如下代码行并保存退出。

```
obj- $(CONFIG_MINI6410_BUTTONS)    + = mini6410_buttons.o
```

⑤ 编译驱动程序。回到 linux - 2. 6. 38 源代码根目录位置,执行 make modules ,在 linux - 2. 6. 38/drivers/char/下生成 buttons 内核模块文件 mini6410_buttons. ko。

3. 键盘驱动程序的加载运行

(1) 加载驱动程序

通过 FTP 把 VMWare Linux 中生成的键盘驱动程序 mini6410_buttons. ko 下载到开发板的/hime/plg/Lab03 目录下。

(2) 编译键盘测试程序

编写如下键盘测试程序：

```
//Buttons_test. c
# include <stdio. h>
# include <stdlib. h>
# include <unistd. h>
# include <sys/ioctl. h>
# include <sys/types. h>
# include <sys/stat. h>
# include <fcntl. h>
# include <sys/select. h>
# include <sys/time. h>
# include <errno. h>
int main(void)
{
    int buttons_fd;
    char buttons[8] = {'0', '0', '0', '0', '0', '0', '0', '0'};
    buttons_fd = open("/dev/buttons", 0);
    if (buttons_fd < 0)
    {
        perror("open device buttons");
        exit(1);
    }
    for (;;)
    {
        char current_buttons[8];
        int count_of_changed_key;
        int i;
        if (read(buttons_fd, current_buttons, sizeof current_buttons) != sizeof
                current_buttons)
        {
            perror("read buttons:");
            exit(1);
        }
        for (i= 0, count_of_changed_key = 0; i < sizeof buttons / sizeof buttons[0];
            i ++ )
        {
            if (buttons[i] != current_buttons[i])
            {
                buttons[i] = current_buttons[i];
                printf(" % skey % d is % s", count_of_changed_key? ", ": "", i + 1,
                    buttons[i] == '0' ? "up" : "down");
                count_of_changed_key + + ;
            }
```

```
    }
    if (count_of_changed_key)
    {
        printf("\n");
    }
}
close(buttons_fd);
return 0;
}
```

编写 Makefile 文件,如下所示:

```
//Buttons_Makefile
ifndef DESTDIR
  DESTDIR                = /tmp/mini6410/rootfs
endif
CFLAGS                   = -Wall -O2
CC                       = arm-linux-gcc
INSTALL                  = install
TARGET                   = buttons
all: $(TARGET)
buttons: buttons_test.c
    $(CC) $(CFLAGS) $< -o $@
install: $(TARGET)
    $(INSTALL) $^ $(DESTDIR)/usr/bin
clean distclean:
    rm -rf *.o $(TARGET)
```

执行 make 命令,生成 Buttons_test.o。

(3) 加载键盘测试程序

通过 FTP 将该 Buttons_test 文件下载到目标板的/home/plg/Lab03 目录下,输入命令. / Buttons_test,然后选按键盘,执行结果如图 3 - 10 所示。

图 3 - 10　键盘测试程序运行结果

3.5 项目小结

1. 嵌入式 Linux 设备驱动程序是操作系统内核和目标机硬件之间的接口,设备驱动程序为应用程序屏蔽了硬件的细节,应用程序可以像操作普通文件一样对硬件设备进行操作,从而实现嵌入式系统的输入检测和输出控制功能。

2. 驱动程序主要由 3 个方面组成:自动配置和初始化子程序、I/O 请求子程序和中断服务子程序。

3. 开发嵌入式 Linux 设备驱动程序的一般流程为:

(1) 查看目标机原理图,理解设备工作原理。

(2) 定义设备号。

(3) 根据实际驱动需求,定义 file_operations 结构。

(4) 实现初始化函数。

(5) 根据实际驱动需求,选择实现文件操作函数,如 read、write、ioctl 等。

(6) 根据实际驱动需求,选择实现中断服务程序,并用 request_irq 向内核注册。

(7) 根据实际驱动需求,选择编译方式,或编译到内核中,或编译成可加载模块。

(8) 测试驱动程序。

4. 典型驱动程序源代码模式如下:

```
static long driver_name_ioctl(struct file * filp, unsigned int cmd, unsigned long arg)
{
  // ioctl()函数的实现
}
static struct file_operations dev_fops =
{
  // file_operations 文件结构定义
};
static int __init dev_init(void)
{
  //驱动初始化的实现
}
static void __exit dev_exit(void)
{
  //驱动退出的实现
}
module_init(dev_init);
module_exit(dev_exit);
MODULE_LICENSE("GPL");
```

3.6　工程实训

实训目的

1. 理解驱动程序工作原理。
2. 熟悉驱动程序开发流程。
3. 掌握驱动程序编写、编译、加载、测试方法。

实训环境

1. 硬件：PC 机一台，开发板一块，串口线一根，双绞线一根。
2. 软件：Windows XP 操作系统，虚拟机 VMWare，Linux 操作系统。

实训内容

1. 理解开发板 Led 的电路连接。
2. 编写 Led 驱动程序。
3. 编译 Led 驱动程序。
4. 把 Led 驱动程序下载到开发板。
5. 编写 Led 测试程序。
6. 编译 Led 测试程序。
7. 执行 Led 测试程序。

实训步骤

1. 用串口线、双绞线将 PC 机与目标机相连。
2. 进入 PC Linux，检查/home/plg/Lab03 文件夹，若没有则建立。
3. 编写驱动程序。启动 gedit，输入 Led 驱动程序源代码，并以 driver_led.c 保存在 Lab03 文件夹下。
4. 编译驱动程序。

（1）把驱动程序源文件 driver_led.c 复制到 linux - 2.6.38/drivers/char 下。

（2）编辑配置文件 Kconfig，加入驱动选项：

```
config driver_led.c
  tristate "My LED Driver"
  depends on CPU_S3C6410
  default y
  help
    This option enables support for LEDs connected to GPIO lines
```

on Mini6410 boards.

（3）在 linux－2.6.38 目录下运行 make menuconfig，将"Device Drivers →
Character devices→ My LED Driver"菜单项选择为＜M＞。

（4）修改 linux－2.6.38/drivers/char 下的 Makefile 文件，添加如下代码行并保
存退出。

obj－$(CONFIG_My LED Driver)＋＝ my_leds. o

（5）编译驱动程序。回到 linux－2.6.38 源代码根目录位置，执行 make mod-
ules，在 linux－2.6.38/drivers/char/下生成 led 内核模块文件 my_leds. ko。

5. 编写 LED 测试程序

启动 gedit，输入 LED 测试程序源代码，并以 mydriver_ledtest. c 保存在 Lab03
文件夹下。

6. 编译 LED 测试程序

（1）编写 Makefile 文件。启动 gedit，输入 Makefile 文件，并保存在/home/plg/
Lab03 文件夹下。

（2）编译 LED 驱动程序。执行 make 命令，在/home/plg/Lab03 文件夹下生成
mydriver_ledtest. o 测试程序。

7. 加载 LED 驱动程序和测试程序

通过 FTP 把虚拟机中生成的 LED 驱动程序 mydriver_leds. ko 和测试程序
mydriver_ledtest. o 下载到开发板的/home/plg/Lab03 目录下。

8. 测试 LED 驱动程序

（1）通过 Windows 超级终端启动目标机。

（2）进入/home/plg/Lab03/目录。

（3）加载 LED 驱动。

```
$ insmod mydriver_leds.o
```

（4）运行测试程序。

```
$ ./mydriver_ledtest
```

3.7　拓展提高

思　考

1. 嵌入式 Linux 设备驱动程序是怎样组成的？

2. 开发嵌入式 Linux 设备驱动程序的一般流程如何？

操　作

1. 参考任务三的内容，实现键盘驱动程序。

2. 结合开发板的具体情况，编写蜂鸣器驱动程序。

(1) 蜂鸣器参考电路如图 3 - 11 所示。

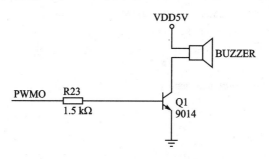

图 3 - 11　蜂鸣器电路连接图

其中，PWM0 对应 ARM6410CPU 的 GPF14 引脚。

(2) 参考驱动程序如下：

```c
//mini6410_pwm.c
# include <linux/module.h>
# include <linux/kernel.h>
# include <linux/fs.h>
# include <linux/init.h>
# include <linux/delay.h>
# include <linux/poll.h>
# include <asm/irq.h>
# include <asm/io.h>
# include <linux/interrupt.h>
# include <asm/uaccess.h>
# include <mach/hardware.h>
# include <plat/regs - timer.h>
# include <mach/regs - irq.h>
# include <asm/mach/time.h>
# include <linux/clk.h>
# include <linux/cdev.h>
# include <linux/device.h>
# include <linux/miscdevice.h>
# include <mach/map.h>
# include <mach/regs - clock.h>
# include <plat/gpio - cfg.h>
# include <mach/gpio - bank - e.h>
```

```
# include <mach/gpio - bank - f. h>
# include <mach/gpio - bank - k. h>
# define DEVICE_NAME        "pwm"
# define PWM_IOCTL_SET_FREQ          1
# define PWM_IOCTL_STOP              0
static struct semaphore lock;
/ * freq:  pclk/50/16/65536 ～ pclk/50/16
 * if pclk = 50MHz, freq is 1Hz to 62500Hz
 * human ear : 20Hz～ 20000Hz
 * /
static void PWM_Set_Freq( unsigned long freq )
{
    unsigned long tcon;
    unsigned long tcnt;
    unsigned long tcfg1;
    unsigned long tcfg0;
    struct clk * clk_p;
    unsigned long pclk;
    unsigned tmp;
    tmp = readl(S3C64XX_GPFCON);
    tmp & = ～(0x3U << 28);
    tmp | =   (0x2U << 28);
    writel(tmp, S3C64XX_GPFCON);
    tcon = __raw_readl(S3C_TCON);
    tcfg1 = __raw_readl(S3C_TCFG1);
    tcfg0 = __raw_readl(S3C_TCFG0);
    //prescaler = 50
    tcfg0 & = ～S3C_TCFG_PRESCALER0_MASK;
    tcfg0 | = (50 - 1);
    //mux = 1/16
    tcfg1 & = ～S3C_TCFG1_MUX0_MASK;
    tcfg1 | = S3C_TCFG1_MUX0_DIV16;
    __raw_writel(tcfg1, S3C_TCFG1);
    __raw_writel(tcfg0, S3C_TCFG0);
    clk_p = clk_get(NULL, "pclk");
    pclk   = clk_get_rate(clk_p);
    tcnt   = (pclk/50/16)/freq;
    __raw_writel(tcnt, S3C_TCNTB(0));
    __raw_writel(tcnt/2, S3C_TCMPB(0));
    tcon & = ～0x1f;
    tcon | = 0xb;           //disable deadzone, auto - reload, inv - off, update
      TCNTB0&TCMPB0, start timer 0
```

```
    __raw_writel(tcon, S3C_TCON);
    tcon &= ~2;                //clear manual update bit
    __raw_writel(tcon, S3C_TCON);
}
void PWM_Stop( void )
{
    unsigned tmp；
    tmp = readl(S3C64XX_GPFCON);
    tmp &= ~(0x3U << 28);
    writel(tmp, S3C64XX_GPFCON);
}
static int s3c64xx_pwm_open(struct inode * inode, struct file * file)
{
    if (!down_trylock(&lock))
        return 0；
    else
        return -EBUSY;
}
static int s3c64xx_pwm_close(struct inode * inode, struct file * file)
{
    up(&lock);
    return 0;
}
static long s3c64xx_pwm_ioctl(struct file * filep, unsigned int cmd, unsigned
    long arg)
{
    switch (cmd) {
        case PWM_IOCTL_SET_FREQ:
            if (arg == 0)
                return -EINVAL;
            PWM_Set_Freq(arg);
            break;
        case PWM_IOCTL_STOP:
        default:
            PWM_Stop();
            break;
    }
    return 0;
}
static struct file_operations dev_fops = {
    .owner               = THIS_MODULE,
    .open                = s3c64xx_pwm_open,
```

```c
    .release          = s3c64xx_pwm_close,
    .unlocked_ioctl   = s3c64xx_pwm_ioctl,
};
static struct miscdevice misc = {
    .minor = MISC_DYNAMIC_MINOR,
    .name = DEVICE_NAME,
    .fops = &dev_fops,
};
static int __init dev_init(void)
{
    int ret;
    sema_init(&lock, 1);
    ret = misc_register(&misc);
    printk (DEVICE_NAME"\tinitialized\n");
    return ret;
}
static void __exit dev_exit(void)
{
    misc_deregister(&misc);
}
module_init(dev_init);
module_exit(dev_exit);
MODULE_LICENSE("GPL");
MODULE_DESCRIPTION("S3C6410 PWM Driver");
```

(3) 参考测试程序

```c
//pwm_test.c
# include <stdio.h>
# include <termios.h>
# include <unistd.h>
# include <stdlib.h>
# include <sys/ioctl.h>
# include <sys/types.h>
# include <sys/stat.h>
# include <fcntl.h>
# define PWM_IOCTL_SET_FREQ        1
# define PWM_IOCTL_STOP            0
# define      ESC_KEY       0x1b
static int getch(void)
{
    struct termios oldt,newt;
    int ch;
```

```
    if (!isatty(STDIN_FILENO))
    {
      fprintf(stderr, "this problem should be run at a terminal\n");
      exit(1);
    }
    // save terminal setting
    if(tcgetattr(STDIN_FILENO, &oldt) < 0)
    {
      perror("save the terminal setting");
      exit(1);
    }
    // set terminal as need
    newt = oldt;
    newt.c_lflag &= ~( ICANON | ECHO );
    if(tcsetattr(STDIN_FILENO,TCSANOW, &newt) < 0) {
      perror("set terminal");
      exit(1);
    }
    ch = getchar();
    // restore termial setting
    if(tcsetattr(STDIN_FILENO,TCSANOW,&oldt) < 0) {
      perror("restore the termial setting");
      exit(1);
    }
    return ch;
}
static int fd = -1;
static void close_buzzer(void);
static void open_buzzer(void)
{
    fd = open("/dev/pwm", 0);
    if (fd < 0) {
      perror("open pwm_buzzer device");
      exit(1);
    }
    // any function exit call will stop the buzzer
    atexit(close_buzzer);
}
static void close_buzzer(void)
{
    if (fd >= 0) {
      ioctl(fd, PWM_IOCTL_STOP);
```

```
        if (ioctl(fd, 2) < 0) {
            perror("ioctl 2:");
        }
        close(fd);
        fd = - 1;
    }
}
static void set_buzzer_freq(int freq)
{
    // this IOCTL command is the key to set frequency
    int ret = ioctl(fd, PWM_IOCTL_SET_FREQ, freq);
    if(ret < 0) {
        perror("set the frequency of the buzzer");
        exit(1);
    }
}
static void stop_buzzer(void)
{
    int ret = ioctl(fd, PWM_IOCTL_STOP);
    if(ret < 0) {
        perror("stop the buzzer");
        exit(1);
    }
    if (ioctl(fd, 2) < 0) {
        perror("ioctl 2:");
    }
}
int main(int argc, char * * argv)
{
    int freq = 1000 ;
    open_buzzer();
    printf( "\nBUZZER TEST ( PWM Control )\n" );
    printf( "Press + / - to increase/reduce the frequency of the BUZZER\n" );
    printf( "Press 'ESC' key to Exit this program\n\n" );
    while( 1 )
    {
        int key;
        set_buzzer_freq(freq);
        printf( "\tFreq = % d\n", freq );
        key = getch();
        switch(key) {
            case '+':
```

```
        if( freq < 20000 )
            freq += 10;
        break;
    case '-':
        if( freq > 11 )
            freq -= 10 ;
        brcak;
    case ESC_KEY:
    case EOF:
        stop_buzzer();
        exit(0);
    default:
        break;
    }
  }
}
```

项目 4

实现图形用户界面应用程序

学习目标：

➤ 了解 Qt 的特点与功能；

➤ 熟悉 Qt 编程思路；

➤ 掌握 Qt 图形用户界面应用程序开发方法；

➤ 掌握 Qt 应用程序的部署方法。

应用程序具有图形用户界面已成为嵌入式系统的潮流。Qt 作为嵌入式 Linux 环境下图形用户界面的强大编程工具，能给用户提供精美图形界面所需要的所有元素，已经得到越来越广泛的应用。通过本项目的实施，将能了解 Qt 的特点与功能，熟悉 Qt 编程思路，掌握 Qt 下开发图形用户界面应用程序的常用方法。

4.1　知识背景

4.1.1　Qt 简介

1. Qt 发展简史

Qt 是一个跨平台的 C＋＋图形用户界面库，由挪威 Trolltech 公司开发，最初作为跨平台的开发工具用于 Linux 台式机，支持各种有 UNIX 和 Microsoft Windows 特点的系统平台。Qt 于 2008 年 6 月 17 日被 Nokia 公司收购，以增强 Nokia 公司在跨平台软件研发方面的实力，更名为 Qt Software。

Qtopia 是基于 Qt 开发的一个软件平台，主要用于采用嵌入式 Linux 系统的 PDA 或移动电话，Qtopia 提供了窗口操作系统、多媒体、工作辅助应用程序、同步框架、PIM 应用程序、Internet 应用程序、开发环境、输入法、Java 集成、本地化支持、个性化选项以及无线支持等，用于缩短制造商的开发周期。

TrollTech 公司在 2008 年被 Nokia 收购后，Qtopia 被重新命名为 Qt Extended。

Nokia 在推出了 Qt Extended 的最新版本 Qt Extended 4.4.3 之后,2009 年 3 月 3 日决定停止 Qt Extended 的后续开发,转而全心投入 Qt 的产品开发,并逐步将一部分 Qt Extended 的功能移植到 Qt 开发框架中。

目前比较流行的嵌入式图形用户界面应用系统的 Qt 开发平台是 Qt4.7,集成开发环境为 Qt Creator。

2. Qt 的特点

Qt 具有 3 个显著特点:

(1) 优良的跨平台特性

使用 Qt 开发的软件,相同的代码可以在任何支持的平台上编译与运行,而不需要修改(或修改极少)源代码,还会自动依平台的不同,表现平台特有的图形界面风格。

(2) 面向对象

Qt 的良好封装机制使得 Qt 的模块化程度非常高,可重用性较好,对于用户开发来说是非常方便的。Qt 提供了一种称为 signals/slots(信号/槽)的安全类型来替代 callback(回调),这使得各个元件之间的协同工作变得十分简单。

(3) 丰富的 API

经过多年发展,Qt 不但拥有了完善的 C++图形库,而且近年来的版本逐渐集成了 OpenGL 库、多媒体库、网络库、WebKit 库、数据库、XML 库、脚本库等,其核心库也加入了进程间通信、多线程等模块,极大地丰富了 Qt 开发大规模复杂跨平台应用程序的能力,真正意义上实现了其研发宗旨"Code Less;Create More;Deploy Anywhere"。

3. Qt 的体系结构

Qt 的功能建立在所支持平台底层的 API 上,这使得 Qt 灵活而高效。Qt 是一个"模拟的"多平台工具包,所有窗口部件都由 Qt 绘制,可以通过重新实现其虚函数来扩展或自定义部件功能。Qt 为所能支持的平台提供底层 API,这不同于传统分层的跨平台工具包(如 Windows 中的 MFC)。

Qt 是受专业支持的,已经利用了 Microsoft Windows、X11、Mac OS X 和嵌入式 Linux 平台。它使用单一的源代码树,只需简单地在目标平台上重新编译就可以把 Qt 程序转换成可执行程序。Qt 与 Qt/X11 的 Linux 版本比较如图 4-1 所示。

一个 Qt 窗口系统包含了一个或多个进程,其中一个进程可作为服务器,这个服务进程会分配客户显示区域,产生鼠标和键盘事件。同时,这个服务进程还能为已经运行的客户程序提供输入方法和用户接口。实际上,这个服务进程就是一个有某些额外权限的客户进程,在这一窗口中,任何应用程序都可以在命令行上加上"- qws"的选项来把它作为一个服务器运行。

Qt 支持 4 种不同的字体格式:True Type(TTF)、Postscript Typel、位图发布字体(BDF)和 Qt 的预呈现(Pre - rendered)字体(QPF)。Qt 还可以通过增加 QFont-Factory 的子类来支持其他字体,也可以支持以插件方式出现的反别名字体。

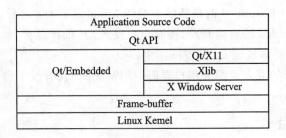

Application Source Code		
Qt API		
Qt/Embedded		Qt/X11
		Xlib
		X Window Server
Frame-buffer		
Linux Kemel		

图 4-1　Qt 的体系结构

Qt 支持流行鼠标协议：BusMouse、IntelliMouse、Microsoft 和 MouseMan。通过 QWSMouseHandler 或 QcalibratedMouseHandler 派生子类，可以支持更多的客户指示设备。通过 QWSKeyboardMouseHandler，可以支持更多的客户键盘和其他非指示设备。

在一个无键盘的设备上，输入法成了唯一的字符输入手段。Qtopia 提供了 4 种输入法：笔迹识别器、图形化标准键盘、Unicode 键盘和基于字典方式提取的键盘。

4.1.2　Qt 开发环境

开发 Qt 应用程序需要 Qt 编辑器、编译器和运行环境。

在 Qt 程序开发过程中，除了通过编码的方式实现应用系统功能外，还可以通过 Qt 的 GUI 界面设计器（Qt Creator）进行可视化界面设计，该工具提供了 Qt 基本的可绘制窗口部件。在 Qt Creator 设计器中，通过鼠标直接拖放窗口部件，能够高效、快速地实现 GUI 界面的设计，界面直观形象，所见即所得，如图 4-2 所示。

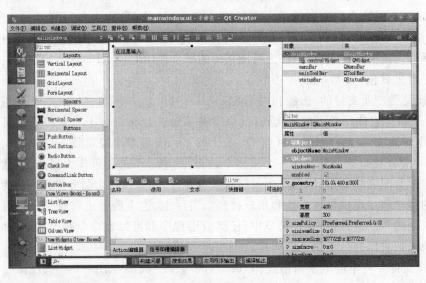

图 4-2　Qt 设计器主界面

　　在 Qt 设计器中,拖动工具箱中的一个元素到窗口中即可加入一个想要的窗口部件,部件的属性可以通过属性编辑器修改。这种方法可以非常快速地设计窗体界面,完成后的窗体能够正确地调整窗口大小来适应最终用户的喜好。

　　开发者既可以创建对话框式的程序,也可以创建带有菜单、工具栏、帮助和其他特征的主窗口式程序。Qt 本身提供了一些窗体模板和部件,开发者也可以根据需要创建自定义模板和部件,以提高设计效率。

　　在 Qt 设计器中,窗体设计被保存成 XML 格式的. ui 文件并且被 uic(用户界面编译器)转换成为 C++头文件和源文件。由于 qmake 编译工具在它生成的 Makefiles 中自动地包含了 uic 的规则,因此开发者不需要自己去加入 uic。

　　在 Qt 集成开发环境中,源程序既可以编译成 PC Linux 下的可执行程序,在开发环境中进行运行和调试,也可以交叉编译成 ARM Linux 可执行文件,从而最终下载到目标机中。

　　Qt 程序编辑工具完整地位于集成开发环境的下拉菜单中,同时,为便于设计者方便使用,系统也以悬浮设计器方式呈现给开发者。

　　Qt 程序编辑工具主要包含以下 8 类:

　　① 对象监视器(Object Inspector):列出了界面中所有的窗口部件,以及各窗口部件的父子关系和包容关系,可通过鼠标拖放方式在应用程序窗口中布局窗口部件。

　　② 属性编辑器(Property Editor):列出了窗口部件可编辑的属性,在属性编辑器中,可以交互方式修改窗口部件的属性。

　　③ 动作编辑器(Action Editor):列出了为窗口部件设计的 QAtion 动作,通过"添加"或"删除"按钮可以新建一个可命名的 QAtion 动作或删除指定的 QAtion 动作。

　　④ 信号/槽编辑器(Signal/Slot Editor):列出了在 Qt 设计器中关联的信号和槽,通过双击列中的对象或信号/槽,可以进行对象的选择和信号/槽的选择。

　　⑤ 窗口部件编辑模式(Edit Widgets):可以在 Qt 设计器中添加 GUI 窗口部件并修改它的属性和外观。

　　⑥ 信号和槽编辑模式(Edit Signal/Slots):可以在 Qt 设计器中窗口部件上关联 Qt 已经定义好的信号和槽。

　　⑦ 伙伴编辑模式(Edit Boddies):可以在 Qt 设计器中窗口部件上建立 QLabel 标签和其他部件的伙伴关系。

　　⑧ 焦点顺序编辑模式(Edit Tab Order):可以在 Qt 设计器中窗口部件上设置 Tab 键在窗口部件上的焦点顺序。

4.1.3　Qt 编程机制

1. 信号与槽

　　信号与槽提供了任意两个 Qt 对象之间通信的机制,来完成界面操作的响应。

其中,信号会在某个特定情况或动作下被发射,槽是等同于接收并处理信号的函数。

图形用户接口的应用程序能响应用户的动作。例如,当用户单击一个菜单项或工具栏按钮时,程序就会执行某些代码。实际编程中,需要不同的对象之间能够通信,需要将事件与相关的事件处理程序相关联。传统开发工具采用的事件响应机制有的不面向对象,有的不够健全,也有的很容易崩溃。

Qt 采用一套叫做"信号与槽"的解决方案。信号与槽是一种强有力的对象间通信机制,这种机制既灵活,又面向对象,并且用 C++编程语言来实现,完全可以取代传统工具中的回调和消息映射机制。传统编程工具在使用回调函数机制关联某段响应代码和一个按钮的动作时,需要将相应代码函数指针传递给按钮。当按钮被单击时,函数被调用。对于这种方式不能保证回调函数被执行时传递的参数都有着正确的类型,很容易造成进程崩溃,并且回调方式将 GUI 元素与其功能紧紧地捆绑在一起,使开发独立的类变得非常困难。

Qt 的信号与槽机制则不同,Qt 的窗口在事件发生后会激发信号。例如,当一个按钮被单击时会激发 clicked 信号。开发者通过创建一个函数(称做一个槽)并调用 connect()函数来连接信号,这样就可以将信号与槽连接起来。信号与槽机制不需要类之间相互知道细节,这使得开发代码可高度重用的类变得更加容易。因为这种机制是类型安全的,类型错误被当成警告并且不会引起崩溃。

信号与槽连接的关系如图 4-3 所示。如果一个退出按钮的 clicked()信号被连接到一个应用程序的退出函数 close()槽,用户就可以单击退出键来终止这个应用程序,代码可以写成如下形式:

```
connect(button.SIGNAL(clicked()),qApp,SLOT(close()));
```

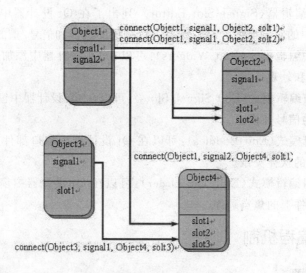

图 4-3　信号与槽的关系

在 Qt 程序执行期间,是可以随时增加或撤销信号与槽的连接的。它是类型安全的,可以重载或重新实现,并且可以在类的 public、protected 或 private 区域出现。

一个对象的信号可以连接到许多不同的槽,多个信号也可以连接到特定对象的一个槽。连接在具有相同参数的信号与槽之间建立,槽的参数可以比信号少,多余的参数会被忽略。

信号与槽机制是在标准 C++中实现的,是使用 Qt 工具包中的 C++预处理器和元对象编译器(Meta Object Compiler,moc)来实现的。moc 读取程序头文件并产生必要的支持信号与槽机制的代码。qmake 产生的 Makefiles 会将 moc 自动加入进去,开发者无需编辑甚至无需查看这些产生的代码。

2. 窗口部件

Qt 拥有一系列能满足不同用户图形界面设计需求的窗口部件,如按钮、文本框、单选钮、复选框、下拉列表、滚动条等。Qt 的窗口部件使用很灵活,能够适应子类化的特殊要求。

Qt 中有 3 个主要的基类:QObject、QTimer 和 QWidget。窗口部件是 QWidget 或其子类的实例,自定义的部件则通过子类继承得来,继承关系如图 4-4 所示。

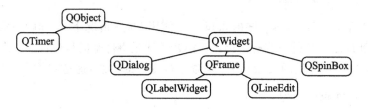

图 4-4 QWidget 类的继承关系

(1) 基本部件

一个窗口部件可包含任意数量的子部件。子部件在父部件的区域内显示。没有父部件的部件是顶级部件(比如一个窗口),Qt 不在窗口部件上施加任何限制。任何部件都可以是顶级部件,也可以是其他部件的子部件。通过使用布局管理器可以自动设定子部件在父部件区域中的位置,如果需要也可以手动设定。如果父部件被停用、隐藏或删除后,同样的动作会递归地应用于它的所有子部件。

标签、消息框、工具提示等并不局限于使用同一种颜色、字体和语言。通过使用 HTML 的一个子集,Qt 的文本渲染部件能够显示多语言宽文本,实例代码如下:

```
# include <Qapplication.h>
# include <Qlabel.h>
int main( int argc, char ** argv )
{
    QApplication app( argc, argv );
    QLabel *hello = new QLabel( "<font color = blue>Hello"
```

```
        " <i>Qt/Embedded! </i></font>", 0 );
        app.setMainWidget( &hello );
        hello->show();
        return app.exec();
}
```

这是一个简单的 Qt 程序，各行代码含义如下：

```
# include <Qapplication.h>
```

该行引用了包含 QApplication 类定义的头文件。在每一个使用 Qt 的应用程序中都必须使用一个 QApplication 对象。QApplication 管理了各种各样应用程序的广泛资源，比如默认的字体和光标等。

```
# include <Qlabel.h>
```

引用了包含 QLabel 类定义的头文件，因为本例使用了 QLabel 对象。QLabel 可以像其他 QWidget 窗口部件一样管理自己的外形。一个窗口部件就是一个可以处理用户输入和绘制图形的用户界面对象，开发者可以改变它的外形、属性和其他内容。

```
int main( int argc, char ** argv )
```

main()函数是 Qt 应用程序的入口。在使用 Qt 库情况下，main()只需要在把控制转交给 Qt 库之前执行一些初始化，然后 Qt 库通过事件来向程序告知用户的行为。

argc 是命令行变量的数量，argv 是命令行变量的数组，这是 C/C++特征参数。

```
QApplication app( argc, argv );
```

app 是这个程序的 Qapplication，它在这里被创建并且处理命令行变量。所有被 Qt 识别的命令行参数都会从 argv 中被移除，并且 argc 也因此而减少。在任何 Qt 的窗口部件被使用之前必须创建 QApplication 对象。

```
QLabel * hello = new QLabel( "<font color = blue>Hello <i>Qt! </i></font>", 0 );
```

这里是在启动 QApplication 之后运行的第一个窗口系统代码，创建了一个标签。这个标签被设置成显示"Hello Qt!"并且字体颜色为蓝色，"Qt!"为斜体。因为构造函数指定 0 为它的父窗口，所以它自己构成了一个窗口。

```
app.setMaimWidget( &hello );
```

该按钮被选为这个应用程序的主窗口部件。如果用户关闭了主窗口部件，应用程序就退出了。设置主窗口部件并不是必须的步骤，但绝大多数程序都会这样做。

```
hello.show();
```

当创建一个窗口部件的时候，它是不可见的。必须调用 show()来使它显示出来。

```
return app.exec();
```

这里就是 main()把控制权转交给 Qt,并且当应用程序退出的时候 exec()就会返回。在 exec()中,Qt 接受并处理用户和系统的事件并且把它们传递给适当的窗口部件。

(2) 主窗口

QMainWindow 类为应用程序提供了一个典型的主窗口框架。一个主窗口可包括 系列标准部件,顶部包含一个菜单栏,菜单栏下放置工具栏,在主窗口的底部有一个状态栏。工具栏可以任意放置在中心区域的四边,也可以拖拽到工具栏区域以外,作为独立的浮动工具托盘。

QToolButton 类实现了具有一个图标,一个 3D 框架和一个可选标签的工具栏按钮。切换型工具栏按钮可以打开或关闭某些特征,其他的按钮则会执行一个命令,也能触发弹出式菜单。QToolButton 可以为不同的模式(活动、关闭、开启等)和状态(打开、关闭等)提供不同的图标。如果只提供一个图标,Qt 能根据可视化线索自动地辨别状态,例如,将禁用的按钮变灰。

QToolButton 通常在 QToolBar 内并排出现。一个程序可含有任意数量的工具栏并且用户可以自由移动它们。工具栏可以包括几乎所有部件,例如,QComboBox 和 QSpinBox。主窗口的中间区域可以包含多个其他窗体。

(3) 菜　单

弹出式菜单 QpopupMenu 类在一个垂直列表里面向用户呈现菜单项,它可以是单独的(如背景菜单),可以出现在菜单栏里,也可以是另一个弹出式菜单的子菜单。菜单项之间可以用分隔符隔开。每个菜单项可以有一个图标、一个复选框和一个快捷键。菜单项通常会响应一个动作(比如保存)。分隔符通常显示为一条线,用来可视化地分组相关的动作。

(4) 布　局

Qt 提供了布局管理器用于部件布局的优化。布局管理器把设计者从程序显示大小和位置的计算中解放出来,并且提供了自动调整的能力以适应用户的屏幕、语言和字体。Qt 通过布局管理器来组织父部件区域中的子部件,它可以自动调整子部件的大小和位置,判断一个顶级窗口的最小和默认尺寸,并在内容或字体改变时重新定位。具有布局时,子部件能自动调整大小。

对于比较复杂的 GUI 用户界面,仅仅通过可视化的方法实现界面布局是不够的,通常使用 Qt 提供的界面布局管理器辅助实现。以下是典型的通过界面布局管理器编程实现界面布局的程序片断:

```
QGridLayout * mainLayout = new QGridLayout(this);
mainLayout->addWidget(label1,0,0);
mainLayout->addWidget(lineEdit,0,1);
mainLayout->addWidget(label2,1,0);
mainLayout->addWidget(button,1,1);
```

```
setLayout(mainLayout);
```

3. 功能模块

Qt 定义了多个模块,每个模块包含相对应独立的库文件并实现各自的功能,主要模块及其功能如表 4-1 所列。

表 4-1　Qt 主要模块及其功能

序　号	模块名称	模块功能
1	QtCore	定义了其他模块使用的 Qt 核心的非 GUI 类,所有其他模块都依赖于该模块
2	QtGui	定义了图形用户界面类
3	QtNetwork	定义了 Qt 的网络编程类
4	QtOpenGL	定义了 OpenGL 的支持类
5	QtSql	定义了访问数据库的类
6	QtSvg	定义了显示和生成 SVG(Scalable Vector Graphics)类
7	QtXml	定义了处理 XML(eXtensible Markuop Language)语言类
8	QtTest	定义了对 Qt 应用程序和库进行单元测试(unit testing)的类
9	QtDBus	提供了使用 D-Bus 进行进程间通信(Inter-Process Communication,IPC)的类
10	QtScript	提供了对脚本的支持

默认情况下,Qt 模块处于未选状态。当编程中涉及 Qt 模块功能时,需要在工程文件中人工添加相应模块,如:

```
QT + = QtSql
```

4. Qt 元对象系统

Qt 元对象系统提供了对象间的通信机制(信号和槽)、运行时类型信息和动态属性系统的支持,是标准 C++的一个扩展,它使 Qt 能更好地实现 GUI 图形用户界面编程。Qt 的元对象系统不支持 C++模板,尽管模板扩展了标准 C++的功能,但是元对象系统提供了模板系统无法提供的一些特性。Qt 的元对象系统基于以下 3 个事实:

① 基类 QObject:任何想使用元对象系统功能的类必须继承自 QObject。

② Q_OBJECT 宏:Q_OBJECT 宏必须出现在类的私有声明区,以启用元对象的特性。

③ 元对象编译器(Meta-Object Compile,moc):为 Object 子类实现元对象特性提供了必要的代码实现。

4.2　项目需求

嵌入式 Linux 应用系统不仅需要满足人们日益增强的嵌入式管理与控制的功能

需求,还要给用户以良好的人机交互界面。本项目要求在 Qt 环境下,实现图形界面"Hello World!"应用程序,如图 4-5 所示,具体需求如下:

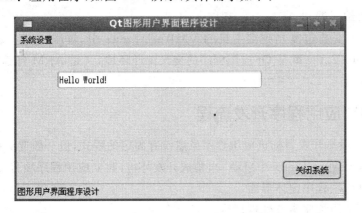

图 4-5   Qt 环境下的 Hello World 程序

① 构建 Qt 集成开发环境。

② 在 Qt 集成开发环境下,编写、编译、调试"Hello World!"应用程序。

③ 选择"系统设置"→"设置字体"菜单项,弹出字体设置对话框,单击确定按钮后,将选择的字体应用于主窗体中的"Hello World!"。

④ 选择"系统设置"→"设置颜色"菜单项,弹出颜色设置对话框,单击确定按钮后,将选择的颜色应用于主窗体中的"Hello World!"。

⑤ 选择"退出系统"菜单项,或单击主窗体中的"关闭系统"按钮,将关闭应用系统。

⑥ 在目标机上部署 Qt 运行环境。

⑦ 下载图形用户界面"Hello World!"应用程序到目标机并运行。

⑧ 配置目标机运行环境,实现开机自启动图形用户界面"Hello World!"应用程序。

4.3   项目设计

4.3.1   构建 Qt 集成开发环境

Qt 集成开发环境的选择有多种,包括 Qtopia-2.2.0、Qtopia4.4.3 和 QtE-4.7.0 等。如果目标机作为通用移动终端和 PDA 等,一般可选 Qtopia 系统。如果目标机作为专用嵌入式系统,仅运行特定的应用程序,实现某一具体的控制与管理事务,通常选用 QtE-4.7 或更高版本系统,因为该系统占用存储空间较小,跨平台性能更好,易于开发和移植。为此,本项目及以后项目开发均采用 QtE-4.7 系统平台。

QtE-4.7 集成开发环境的源文件可以直接到官方网站 http://Qt. nokia. com/downloads 下载,主要包含以下 3 项:

① 软件开发工具包:Qt_SDK_Lin32_offline_v1_1_1_en. run。

② 程序编辑、编译和调试器：Qt - creator - linux - x86 - opensource - 2.2.0. bin。

③ 交叉编译器和 ARM 运行环境：Qt4.7.tgz。

将这 3 个安装包复制到宿主机的 VMWare Linux 中，解压、配置、编译就可以了。其中，Qt4.7.tgz 既是 Qt 应用程序的交叉编译环境，又是 ARM 目标机的 Qt 程序运行环境。

4.3.2　Qt 应用程序开发流程

在 Qt 环境下开发目标机应用程序虽然没有固定的程式，但一般遵从以下步骤：

① 在 VMWare Linux 中启动 Qt 集成开发环境，建立应用程序项目文件。

② 设计应用程序窗体界面。

③ 编写应用程序事务处理代码。

④ 编译成 PC Desktop 可执行程序并初步调试。

⑤ 交叉编译生成目标机可执行程序。

⑥ 通过 FTP 将目标程序下载到目标机。

⑦ 配置目标机运行环境，测试目标机程序。

4.3.3　Qt 应用程序开发方法

当 Qt 开发环境建立以后，开发 Qt 嵌入式应用程序实际上就是在 Qt Creator 集成环境下，使用 C++语言编写、编译、调试应用程序，这与在 Windows 平台上用 C++语言开发 Windows 应用程序基本相似，主要差别在于当程序初步调试完成后，需要交叉编译成 ARM 可执行文件，再下载到目标机中。

4.3.4　关闭系统的实现

Qt 下要关闭系统窗口，退出应用程序，无论单击按钮实现，还是选择菜单项完成，最简单的方法就是调用 close()函数。

4.3.5　菜单命令的实现

Qt 中菜单的实现与 QMenu 和 QAction 两个类密切相关。QMenu 用于建立菜单指针，而 QAction 为用户提供一个统一的命令接口，无论是从菜单触发，还是从工具栏或快捷键触发，都调用同样的操作接口，达到同样的目的。

菜单的实现通常按以下步骤编程：

① 在系统头文件的主类定义中，声明用于创建菜单和创建动作的函数。

```
void createMenus();
void createActions();
```

② 在主窗口源文件中编写动作实现代码。

```
void MainWindow::createActions()
{
    ui->action->setStatusTip(tr("设置颜色"));
    ui->action_3->setStatusTip(tr("设置字体"));
    ui->action_5->setStatusTip("退出系统");
}
```

③ 在主窗口源文件中编写菜单实现函数,把菜单动作与菜单项相关联。

```
void MainWindow::createMenus()
{
    ui->menu->addAction(ui->action);
    ui->menu->addAction(ui->action_3);
    ui->menu->addAction(ui->action_5);
}
```

4.3.6 系统标准对话框的使用

和大多数操作系统一样,Qt 也提供了一系列标准对话框,如文件选择、字体选择、颜色选择等,并为这些对话框定义了相关类。利用这些类可以非常方便地使用标准对话框进行字体选择、颜色选择等编程。

实现字体选择、颜色选择功能的编程可按如下步骤进行:

① 在系统头文件的主类定义中,声明与字体选择和颜色选择相关的指针和槽函数。

```
private slots:
    void slotFontSel();
    void slotColorSel();
private:
    QFont * fontsel;
    QColor * colorsel;
```

② 在系统源文件中实现槽函数。

```
void MainWindow::slotFontSel()
{
    bool ok;
    QFont fontsel = QFontDialog::getFont(&ok);
    if(ok)
    {
        ui->lineEdit->setFont(fontsel);
    }
}
```

```
void MainWindow::slotColorSel()
{
    QPalette palette = ui->lineEdit->palette();
    QColor colorsel = QColorDialog::getColor(Qt::white,this);
    palette.setColor(QPalette::Base,colorsel);
    if(colorsel.isValid())
    {
        ui->lineEdit->setPalette(QPalette(palette));
    }
}
```

4.3.7 部署 Qt 应用程序

因为 Qt 应用程序运行在目标机中,因此,在运行 Qt 应用程序前,首先需要将 Qt 运行环境部署到目标机上,同时需要对运行环境进行必要的配置。当目标机中的运行环境建立以后,就可以方便地将 Qt 应用程序下载到目标机并运行。

4.3.8 实现 Qt 应用程序的开机自启动

Qt 应用程序开机自动运行的方法与嵌入式 Linux 应用程序的运行方法相似,即修改启动配置文件/etc/init.d/rcS,在其中加入应用程序启动选项,从而实现应用程序的开机自启动功能。

4.4 项目实施

任务一: 建立 Qt 开发环境

1. 下载 Qt 软件安装包

登录 QTE 官方网站 ftp://ftp.trolltech.com/Qt/source/,下载 Qt_SDK_Lin32_offline_v1_1_1_en.run、Qt-creator-linux-x86-opensource-2.2.0.bin 和 Qt4.7.tgz 源代码的原始包到实验资源 Labroot\Lab04 目录下,通过 U 盘将其复制到 PC Linux 虚拟机的/opt/目录下并解压。

```
# cd /opt/
# tar xvzf Qt4.7.tgz
```

2. 安装 Qt_SDK_Lin32_offline_v1_1_1_en.run

进入/opt 目录,运行 Qt_SDK 自解压安装程序,打开安装对话框,如图 4-6 所示。

```
# cd /opt/
```

```
# ./Qt_SDK_Lin32_offline_v1_1_1_en.run
```

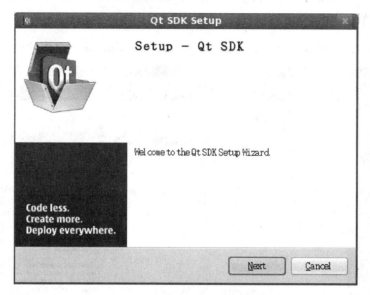

图 4 - 6　Qt_SDK 安装对话框

在弹出的对话框中，依次按"Next"按钮，选择默认安装。

3. 安装 Qt Creator

进入/opt 目录，运行 Qt Creator 自解压安装程序，打开安装对话框，如图 4 - 7 所示。

```
# cd /opt/
# ./Qt-creator-linux-x86-opensource-2.2.0.bin
```

图 4 - 7　Qt Creator 安装对话框

在弹出的对话框中,依次按"Next"按钮,选择默认安装。

4. 配置 Qt Creator

① 双击 Linux 桌面上的 Qt Creator 图标,打开 Qt Creator 主窗体,如图 4-8 所示。

图 4-8   Qt Creator 主窗体

② 配置 Qt4。

选择"工具"→"选项"菜单项,单击左侧的"Qt4"图标,按图 4-9 所示配置编译器的路径。

图 4-9   配置 Qt4 编译器

③ 配置交叉编译工具链。

选择"工具"→"选项"菜单项,单击左侧的"工具链"图标,按图 4 - 10 所示配置交叉编译工具链的路径。

图 4 - 10   配置 Qt 工具链

至此,Qt4 开发环境构建完毕。

任务二: 建立 Qt 运行环境

1. 下载 Qt4. 7

在宿主机中,通过 FTP 将/opt/目录下的 Qt4. 7. tgz 下载到目标机的/home/plg 目录下。

2. 解压 Qt4. 7. tgz

将 Qt4. 7. tgz 从目标机的/home/plg 目录移动到/opt 目录下,并解压。

```
# cd /home/plg
# mv    Qt4.7.tgz /opt
# cd /opt
# tar xzvf Qt4.7.tgz
```

3. 测试 Qt4. 7

先在目标机触摸屏上停止正在运行的 Qtopia - 2. 2. 0,单击"设置"中的"关机"图标,再从弹出的窗口中单击"Terminate Server",关闭 Qtopia - 2. 2. 0 系统。

然后通过 Windows 超级终端进入目标机,在提示符下输入启动 Qt4 的命令:

```
#Qt4
```

若显示如图 4-11 的界面,则说明 Qt4 已成功移植到目标机。

图 4-11　Qt4.7 测试界面

任务三: 编写 Qt 下的"Hello World"程序

1. 建立应用程序项目文件

先在宿主机的 Linux 下建立一个项目文件夹,以保存 Hello World 项目的所有文件:

```
#cd /home/plg/
#mkdir Lab04
```

然后用鼠标双击 VMWare Linux 桌面上的 Qt Creator,打开 Qt Creator 集成开发环境,选择"文件"→"新建文件或工程"菜单项,在弹出的新建对话框中,从左边的项目分类中选择 Qt 控件项目,在右边的项目类型中选择 Qt Gui 应用,最后单击右下方的"选择"按钮,如图 4-12 所示。

接着从弹出的项目介绍和位置对话框中,在"名称"输入框中输入项目名称为"Hello_Qt4",在"创建路径"输入框中输入项目目录为"/home/plg/Lab04",如图 4-13 所示。

再在上面的对话框中单击"下一步"按钮,并从弹出的对话框中单击"下一步"按钮,在弹出类信息对话框中,选择基类为 QMainWidget,如图 4-14 所示。

在接下来的对话框中,一直按"下一步"按钮,完成项目向导,完成后进入 Qt Creator 的主界面,在此可以用可视化的方式设计程序图形用户界面,如图 4-15 所示。

2. 设计窗体界面

(1) 设置窗口大小

修改方法为:选择应用系统主窗体,在右下方的属性窗口中,将 geometry 属性的 Width 改成 480,将 Height 字段改成 240,即满屏显示。

图 4 - 12　Qt 新建项目对话框

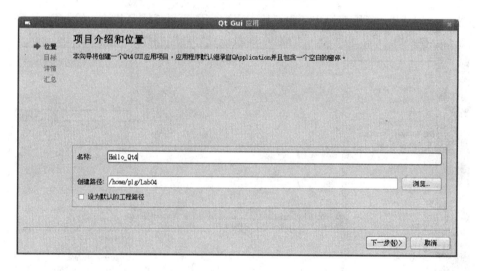

图 4 - 13　项目介绍和位置对话框

（2）修改窗口标题

在属性窗口中把窗口的标题（Windows Title）改成"Qt 图形用户界面程序设计"。

（3）在窗体上放置控件

根据设计要求，在窗体上放置控件。放置方法是，在工具栏上选中需要的控件，再将其拖放到应用程序主窗体的空白处。

因为这是最简单的程序，根据设计要求，在窗体上放置两个控件，一个是单行文本框 LineEdit，用于显示"Hello World!"，另一个是按钮 Push Button，用于关闭窗口。下拉式菜单可以通过在指定位置双击鼠标进行输入。

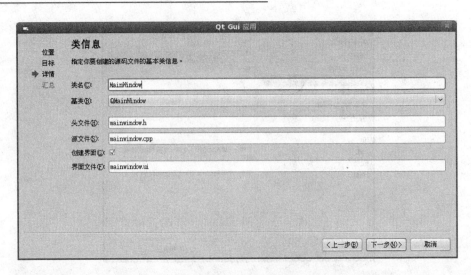

图 4-14 类信息对话框

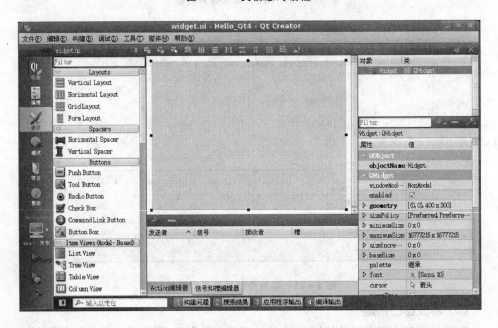

图 4-15 应用程序可视化设计界面

（4）修改控件属性

完成控件布局后，根据需要修改控件属性，以修饰控件的外观，便于在程序中方便引用。

- 选择单行文本框对象，在控件属性窗口中，将 text 设为"Hello World!"，并设置相应的字体、字型、字号和颜色等。
- 选择按钮对象，在控件属性窗口中，将 text 改为"关闭系统"，并设置相应的字体、字型、字号和颜色等。

设置完成的窗体界面如图4-16所示。

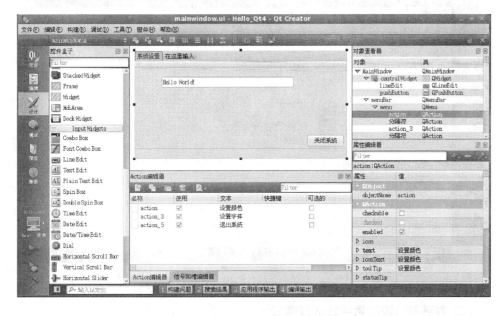

图4-16　Hello World 程序界面

(5) 保存界面文件

选择"文件"→"保存所有文件"菜单项,至此,界面设计完成。

3. 编写事务处理程序

(1) 为按钮添加单击事件处理程序

·在设计视图中,右击"退出系统"按钮,从弹出的快捷菜单中选择"转到槽"菜单
项,打开"转到槽"对话框,如图4-17所示。

图4-17　选择按钮事件对话框

· 在"转到槽"对话框中,选择 clicked()信号,然后单击"确定"按钮,为"退出系
统"按钮添加 clicked 信号处理槽函数。此时,界面将定位到槽函数代码编辑
视图,光标在 void MainWidget:on_pushButton_clicked()函数内闪烁,为此,
可在函数内部输入事件处理代码 close(),即关闭系统,如图4-18所示。

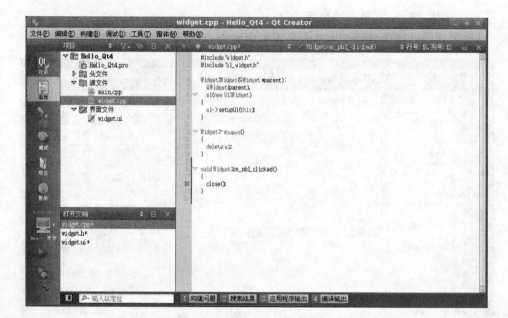

图 4 - 18　输入信号处理代码

(2) 为菜单项添加信号处理程序

· 修改 MainWidget. h 头文件

```
# ifndef MAINWINDOW_H
# define MAINWINDOW_H
# include <QLabel>
# include <QMainWindow>
# include <QFontDialog>
# include <QColorDialog>
# include <QtGui/QDialog>
namespace Ui {
    class MainWindow;
}
class MainWindow : public QMainWindow
{
    Q_OBJECT
public:
    explicit MainWindow(QWidget * parent = 0);
    ~MainWindow();
    void createActions();
    void createMenus();
private slots:
    void on_pushButton_clicked();
```

```
        void slotFontSel();
        void slotColorSel();
private：
        Ui：：MainWindow * ui;
        QLabel * statusText；
        QFont * fontsel；
        QColor * colorsel；
};
# endif // MAINWINDOW_H
```

- 修改 MainWidget. cpp 源文件

```
# include "mainwindow. h"
# include "ui_mainwindow. h"
# include <QLabel>
MainWindow：：MainWindow(QWidget * parent) :
        QMainWindow(parent),
        ui(new Ui：：MainWindow)
{
        ui->setupUi(this);
        QStatusBar * bar = ui->statusBar;
        statusText = new QLabel；
        bar->addWidget(statusText);
        statusText->setText("图形用户界面应用程序");
        createActions();
        createMenus();
}
MainWindow：：~MainWindow()
{
        delete ui；
}
void MainWindow：：on_pushButton_clicked()
{
        this->close();
}
void MainWindow：：createActions()
{
        ui->action->setStatusTip(tr("设置颜色"));
        ui->action_3->setStatusTip(tr("设置字体"));
        ui->action_5->setStatusTip("退出系统");
        connect(ui->action_5,SIGNAL(triggered()),this,SLOT(close()));
        connect(ui->action_3,SIGNAL(triggered()),this,SLOT(slotFontSel()));
        connect(ui->action,SIGNAL(triggered()),this,SLOT(slotColorSel()));
```

嵌入式 Linux 应用开发精解

```cpp
}
void MainWindow::createMenus()
{
    ui->menu->addAction(ui->action);
    ui->menu->addAction(ui->action_3);
    ui->menu->addAction(ui->action_5);
}
void MainWindow::slotFontSel()
{
    bool ok;
    QFont fontsel = QFontDialog::getFont(&ok);
    if(ok)
    {
        ui->lineEdit->setFont(fontsel);
    }
}
void MainWindow::slotColorSel()
{
    QPalette palette = ui->lineEdit->palette();
    QColor colorsel = QColorDialog::getColor(Qt::white,this);
    palette.setColor(QPalette::Base,colorsel);
    if(colorsel.isValid())
    {
        ui->lineEdit->setPalette(QPalette(palette));
    }
}
```

(3) 为应用系统添加中文支持程序
打开系统主函数文件,修改并最终保存程序如下:

```cpp
#include <QtGui/QApplication>
#include "mainwindow.h"
#include <QTextCodec>
int main(int argc, char *argv[])
{
    QApplication a(argc, argv);
    QTextCodec *code = QTextCodec::codecForName("UTF-8");
    QTextCodec::setCodecForLocale(code);
    QTextCodec::setCodecForCStrings(code);
    QTextCodec::setCodecForTr(code);
    a.setFont(QFont("wenquanyi",9));
    MainWindow w;
    w.show();
```

```
    return a.exec();
}
```

4. 在 PC 上编译程序

当所有程序代码都编写完成以后,先选择"文件"→"保存所有文件"菜单项,将项目中的文件进行保存,然后进行 PC Linux 版本的编译,操作步骤如下:

① 在 Qt Creator 主界面的左侧,单击"项目"按钮。

② 在编译配置下拉列表中选择"Desktop Q4.7 for GCC 发布"选项。

③ 在 Qt 版本下拉列表中选择"Desktop Q4.7 for GCC"选项。

④ 修改编译目录为/home/plg/Lab04/Hello_Qt4 - PC。

选择完成后,系统对程序自动进行语法检测并编译,编译结果文件保存在/home/plg/Lab04/Hello_Qt4 - PC 目录中。

5. 在 PC 上运行程序

单击左侧工具栏的运行图标,显示系统图形用户界面,按项目需求进行逐项测试:

① 选择"退出系统"按钮,将关闭系统主窗体。

② 选择"系统设置"→"设置字体"菜单项,弹出字体设置对话框,选择字体、字型和字号并选择"确定"按钮后,"Hello World!"随之改变,并与选择相一致。

③ 选择"系统设置"→"设置颜色"菜单项,弹出颜色设置对话框,选择一种颜色,如红色,选择"确定"按钮,"Hello World!"随之变成红色。

④ 选择"退出系统"菜单项,随之将关闭应用系统窗体。

6. 交叉编译

① 在 Qt Creator 主界面的左侧,单击"项目"按钮。

② 在编辑构建配置下拉列表中选择"Embedded Qt4.7 调试"选项。

③ 在 Qt 版本下拉列表中选择"Embedded Qt4.7"选项。

④ 修改编译目录为/home/plg/Lab04/Hello_Qt4 - ARM。

整个编译设置如图 4 - 19 所示。

设置完成后,单击 Qt Creator 主界面左侧的"构建所有项目"按钮,完成编译。

7. 下载到目标机

(1) 下载准备

进入 PC Linux 的 Hello_Qt4 应用程序所在目录,查看应用程序。

```
# cd /home/plg/Lab04/Hello_Qt4 - ARM
# ls
```

此时可看到应用系统最终目标程序 Hello_Qt4 就在该目录下。

(2) 下载

利用 FTP 登录目标机,将该应用程序下载到目标机的/home/plg/Lab04 下。

图 4 - 19　交叉编译设置

```
# ftp 192.168.1.230
```

随后分别输入用户名 plg 和密码 plg,登录目标机,再通过 put 命令下载。

```
ftp>put Hello_Qt4
ftp>quit
```

(3) 修改应用程序执行权限

通过 PC 超级终端进入目标机/home/plg/Lab04,查看应用程序,并修改其执行权限。

```
# cd /home/plg/Lab04
# chmod + x Hello_Qt4
```

(4) 运行应用程序

如果目标机原来运行在 Qtopia2.2.0 或 Qt - Extended4.4.3 下,则在运行任何 Qt4.7 程序之前,需要先退出 Qtopia2.2.0 或者 Qt - Extended4.4.3 程序。以退出 Qtopia2.2.0 为例,操作方法是:在 Qtopia2.2.0 中单击"设置"中的"关机",出现如图 4 - 20所示界面,单击"Terminate Server"即可关闭 Qtopia - 2.2.0 系统。

接着执行如下命令,运行 Qt4.7 应用程序:

```
# . setQt4env
# ./Hello_Qt4 - qws
```

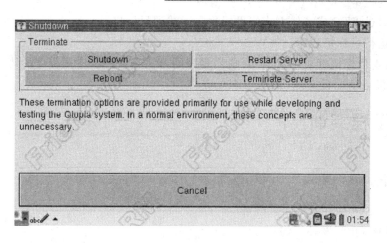

图 4 - 20　退出 Qtopia - 2. 2. 0

任务四：实现开机自启动 Hello_Qt4

实现开机自动运行 Hello_Qt4 程序与 Linux 下开机自启动 hello 程序相似，通过修改开机自启动配置文件/etc/init. d/rcS 来完成。

基本修改方法是，通过 Windows 超级终端进入目标机的/etc/init. d/文件夹，用 vi 打开 rcS，屏蔽启动其他 Qt 版本的程序，在其文件的末尾添加以下 3 行脚本程序：

```
. setQt4env
cd /homw/plg/Lab04
./Hello_Qt4 - qws
```

添加后重启目标机，将自动运行 Hello_Qt4 程序。

4.5　项目小结

1. Qt 是一个跨平台的 C++ 图形用户界面库，Qtopia2. 2. 0 是基于 Qt 开发的一个软件平台，主要用于采用嵌入式 Linux 系统的 PDA 或移动电话，而 Qt Extended 4. 4. 3 是 Nokia 推出的 Qt 开放版本的终极版，适合于手机 Linux 开发。

2. Qt4.7 是目前流行的图形用户界面应用程序运行环境，其开发平台是 Qt Creator。

3. 开发一个基于 Qt 的应用程序的一般步骤是：

（1）在宿主机上，启动 Qt 集成开发环境，建立应用程序项目文件。

（2）设计应用程序窗体界面。

（3）编写应用程序事务处理代码。

（4）在宿主机上编译并调试。

（5）交叉编译生成目标机可执行程序。

（6）通过 FTP 或其他方式将目标程序下载到目标机。

（7）运行目标机程序。

4. 实现目标机开机自启动 Qt 应用程序的方法是，将 Qt 应用程序的运行脚本添加到目标机启动配置文件/etc/init. d/rcS 中。

4.6 工程实训

实训目的

1. 熟悉 Qt 应用程序开发流程。

2. 掌握 Qt 开发环境构建方法。

3. 掌握 Qt 运行环境构建方法。

4. 掌握简单 Qt 应用程序的开发方法。

5. 掌握 Qt 应用程序的部署方法。

实训环境

1. 硬件：PC 机一台，开发板一块，串口线一根，双绞线一根。

2. 软件：Windows XP 操作系统，虚拟机 VMWare，Linux 操作系统。

实训内容

1. 熟悉 Qt Creator 集成开发环境的使用。

2. 编写"欢迎学习 Qt 应用程序开发"简单 Qt 应用程序，项目需求如下：

（1）程序参考界面如图 4 - 21 所示。

图 4 - 21 "欢迎学习 Qt 应用程序开发"界面

（2）单击"欢迎"按钮，实现欢迎词条颜色由黑变红。

（3）单击"退出"按钮，关闭程序窗口。

3. 把"欢迎学习 Qt 应用程序开发"的应用程序下载到目标机运行。

4. 实现目标机开机自启动"欢迎学习 Qt 应用程序开发"应用程序。

实训步骤

1. 用串口线、双绞线将 PC 机与目标机相连。
2. 启动 PC VMWare Linux，熟悉 Qt 开发环境。
3. 启动 Qt Creator，在/home/plg/Lab04 文件夹下建立项目文件 Welcome。
4. 按实训要求设计程序界面。
5. 编写与"欢迎"按钮对应的槽函数程序代码。
6. 编写与"退出"按钮对应的槽函数程序代码。
7. 在 PC VMWare Linux 下编译、运行。
8. 配置项目参数，交叉编译为 ARM 可执行程序 Welcome。
9. 打开 PC Windows 超级终端窗口，启动目标机 Linux 系统。
10. 通过 FTP 将 Welcome 从 PC Linux 下载到目标机的/home/plg/Lab04 下。
11. 在目标机的/home/plg/Lab04 下，为 Welcome 文件添加可执行权限。
12. 在目标机上运行 Welcome。
13. 修改目标机的开机配置文件/etc/init.d/rcS，添加 Welcome 程序运行代码。
14. 启动目标机，实现开机自启动 Welcome。

4.7　拓展提高

思　考

1. 试比较 Qtopia2.2.0、Qt Extended 4.4.3 和 Qt4.7 的异同点。
2. 简述开发 Qt 应用程序的一般步骤。

操　作

1. 以实训项目系统为基础，为主窗口标题栏修改自定义图标。
2. 以实训项目系统为基础，在主窗口菜单栏下添加快捷工具栏，通过单击工具栏图标按钮，同样可以设置主窗体中"欢迎学习 Qt 应用程序开发"文字的字体、颜色和退出系统。

项目 5

开发多线程程序

学习目标：
➤ 了解线程的概念；
➤ 熟悉多线程程序设计的基本原理；
➤ 理解多线程 API 函数及其功能；
➤ 掌握多线程程序设计方法。

进程和线程是 Linux 对任务管理的理论基础，多线程技术是实现需要并发执行应用程序的较好选择。通过本项目的实施，将在了解进程和线程概念的基础上，熟悉多线程程序设计的基本原理，理解多线程 API 函数及其功能，掌握嵌入式 Linux 多线程程序设计的方法。

5.1 知识背景

5.1.1 进程的概念

Linux 是一个多用户多任务操作系统，系统的所有任务在内核的调度下执行。Linux 在很多时候将任务和进程的概念合在一起。进程是一个动态地使用系统资源、处于活动状态的应用程序。Linux 进程管理由进程控制块 PCB、进程调度、中断管理和任务队列等组成，它是 Linux 文件系统、存储管理、设备管理和驱动程序的基础。

一个程序可以启动多个进程，它的每个运行副本都有自己的进程空间。

每一个进程都有自己特有的属性，所有这些信息都存储在进程控制块的 PCB 中，主要包括进程 PID、进程所占有的内存区域、文件描述符和进程环境等信息，用 task_struct 的数据结构来表示。

```
struct task_struct {
    unsigned long state;
    int prio;
```

```
    unsigned long policy;
    struct tack_struct * parent;
    struct list_head tasks;
    pid_t pid;
};
```

5.1.2　线程的概念

　　线程是 Linux 任务管理中另一个重要概念,一个进程中可以包含多个线程,一个线程可以与当前进程中的其他线程进行数据交换,共享数据,但拥有自己的栈空间。线程和进程各有自己的优缺点:线程开销小,但不利于资源保护,而进程则相反。线程可以分为内核线程、轻量级线程和用户线程 3 种。在 Linux 应用程序开发中,在很多情况下采用多线程编程。

　　多线程作为一种多任务、并发的工作方式,有以下优点:

1. 提高应用程序响应速度

　　这对图形用户界面的程序尤其有意义。在一个单线程程序中,当一个操作耗时很长时,整个系统都会等待这个操作,此时程序不会响应键盘、鼠标和菜单项的操作。而使用多线程技术,将耗时长的操作置于一个新的线程,可以避免这种情况。

2. 使多 CPU 系统更加有效

　　操作系统会保证当线程数不大于 CPU 数目时,不同的线程运行于不同的 CPU 上。

3. 改善程序结构

　　一个既长又复杂的进程可以考虑分为多个线程,成为几个独立或半独立的运行部分,这样的程序会有利于理解和修改。

　　另外,在 Linux 的 LIBC 库中所包含的 pthread 库提供了大量的 API 函数,可为用户编写应用程序提供支持。

5.1.3　Qt 中的线程类

　　Qt 包含下面一些线程相关的类:

　　QThread:提供了开始一个新线程的方法。

　　QThreadStorage:提供逐线程数据存储。

　　QMutex:提供相互排斥的锁,或互斥量。

　　QMutexLocker:是一个便利类,它可以自动对 QMutex 加锁与解锁。

　　QReadWriterLock:提供了一个可以同时读操作的锁。

　　QReadLocker 与 QWriteLocker:是便利类,它自动对 QReadWriteLock 加锁与解锁。

　　QSemaphore:提供了一个整型信号量,是互斥量的泛化。

QWaitCondition：提供了一种方法，使得线程可以在被另外线程唤醒之前一直休眠。

在 Qt 系统中与线程相关的最重要的类是 QThread 类，该类提供了创建一个新线程以及控制线程运行的各种方法。线程通过 QThread::run()重载函数开始执行。在 Qt 系统中，始终运行着一个 GUI 主事件线程，这个主线程从窗口系统中获取事件，并将它们分发到各个组件去处理。在 QThread 类中还有一种从非主事件线程中将事件提交给一个对象的方法，也就是 QThread::postEvent()方法，该方法提供了 Qt 中的一种 Thread-safe 的事件提交过程。提交的事件被放进一个队列中，然后 GUI 主事件线程被唤醒并将此事件发给相应的对象，这个过程与一般的窗口系统事件处理过程是一样的。值得注意的是，当事件处理过程被调用时，是在主事件线程中被调用的，而不是在调用 QThread::postEvent()方法的线程中被调用。比如用户可以从一个线程中迫使另一个线程重画指定区域：

```
QWidget * mywidget;

QThread::postEvent(mywidget, new QPaintEvent(QRect(0,0,100,100)));
```

然而，只有一个线程类是不够的，为编写出支持多线程的程序，还需要实现两个不同的线程对共有数据的互斥访问，因此 Qt 还提供了 QMutex 类，一个线程在访问临界数据时，需要加锁，此时其他线程是无法对该临界数据同时加锁的，直到前一个线程释放该临界数据。通过这种方式才能实现对临界数据的原子操作。

除此之外，还需要一些机制使得处于等待状态的线程在特定情况下被唤醒。QWaitCondition 类就提供了这种功能。当发生特定事件时，QWaitCondition 将唤醒等待该事件的所有线程或者唤醒任意一个被选中的线程。

5.1.4 用户自定义事件在多线程编程中的应用

在 Qt 系统中，定义了很多种类的事件，如定时器事件、鼠标移动事件、键盘事件及窗口控件事件等。通常，事件都来自底层的窗口系统，Qt 的主事件循环函数从系统的事件队列中获取这些事件，并将它们转换为 QEvent，然后传给相应的 QObjects 对象。

除此之外，为了满足用户的需求，Qt 系统还提供了一个 QCustomEvent 类，用于用户自定义事件，这些自定义事件可以利用 QThread::postEvent()或者 QApplication::postEvent()被发送给各种控件或其他 QObject 实例，而 QWidget 类的子类可以通过 QWidget::customEvent()事件处理函数方便地接收到这些自定义的事件。需要注意的是：QCustomEvent 对象在创建时都带有一个类型标识 id 以定义事件类型，为了避免与 Qt 系统定义的事件类型冲突，该 id 值应该大于枚举类型 QEvent::Type 中给出的"User"值。

在下面的例子中，显示了多线程编程中如何利用用户自定义事件类。UserEvent 类是用户自定义的事件类，其事件标识为 346798，显然不会与系统定义的事件类型冲突。

```
class UserEvent : public QCustomEvent
{
  public:
    UserEvent(QString s) : QCustomEvent(346798), sz(s) { ; }
    QString str() const { return sz; }
  private:
    QString sz;
};
```

UserThread 类是由 QThread 类继承而来的子类,在该类中除了定义有关的变量和线程控制函数外,最主要的是定义线程的启动函数 UserThread::run(),在该函数中创建了一个用户自定义事件 UserEvent,并利用 QThread 类的 postEvent 函数提交该事件给相应的接收对象。

```
class UserThread : public QThread        //用户定义的线程类
{
    public:
      UserThread(QObject * r, QMutex * m, QWaitCondition * c);
      QObject * receiver;
}
void UserThread::run()   //线程类启动函数,在该函数中创建了一个用户自定义事件
{
    UserEvent * re = new UserEvent(resultstring);
    QThread::postEvent(receiver, re);
}
```

UserWidget 类是用户定义的用于接收自定义事件的 QWidget 类的子类,该类利用 slotGo()函数创建了一个新的线程 recv(UserThread 类),当收到相应的自定义事件(即 id 为 346798)时,利用 customEvent 函数对事件进行处理。

```
void UserWidget::slotGo()      //用户自定义控件的成员函数
{
mutex.lock();
    if (! recv){
      recv = new UserThread(this, &mutex, &condition);
    }
    recv->start();
    mutex.unlock();
}
void UserWidget::customEvent(QCustomEvent * e)   //用户自定义事件处理函数
{
```

```
if (e->type() == 346798)
{
    UserEvent * re = (UserEvent *) e;
    newstring = re->str();
}
}
```

在这个例子中,UserWidget 对象中创建了新的线程 UserThread,用户可以利用这个线程实现一些周期性的处理(如接收底层发来的消息等),一旦满足特定条件就提交一个用户自定义的事件,当 UserWidget 对象收到该事件时,可以按需求做出相应的处理,而一般情况下,UserWidget 对象可以正常地执行某些例行处理,而完全不受底层消息的影响。

5.1.5　利用定时器机制实现多线程编程

为了避免 Qt 系统中多线程编程带来的问题,还可以使用系统中提供的定时器机制来实现类似的功能。定时器机制将并发的事件串行化,简化了对并发事件的处理,从而避免了 thread-safe 方面问题的出现。

在下面的例子中,同时有若干个对象需要接收底层发来的消息(可以通过 Socket 和 FIFO 等进程间通信机制),而消息是随机收到的,需要有一个 GUI 主线程专门负责接收消息。当收到消息时主线程初始化相应对象使之开始处理,同时返回,这样主线程就可以始终更新界面显示并接收外界发来的消息,达到同时对多个对象的控制;另一方面,各个对象在处理完消息后需要通知 GUI 主线程。对于这个问题,可以利用用户自定义事件的方法,在主线程中安装一个事件过滤器,来捕捉从各个对象中发来的自定义事件,然后发出信号调用主线程中的一个槽函数。

另外,也可以利用 Qt 中的定时器机制实现类似的功能,而又不必担心 thread-safe 问题。下面就是有关的代码部分。

在用户定义的 Server 类中创建和启动了定时器,并利用 connect 函数将定时器超时与读取设备文件数据相关联:

```
Server:: Server(QWidget * parent) : QWidget(parent)
{
    readTimer = new QTimer(this);          //创建定时器
    //设置定时器:当超时时调用函数 slotReadFile 读取文件
    connect(readTimer, SIGNAL(timeout()), this, SLOT(slotReadFile()));
    readTimer->start(100);                 //启动定时器
}
```

slotReadFile 函数负责在定时器超时时,从文件中读取数据,然后重新启动定时器:

```
int Server::slotReadFile()               //消息读取和处理函数
```

```
{
  readTimer->stop();            //暂时停止定时器计时
  ret = read(file, buf );       //读取文件
  if(ret == NULL)
  {
    readTimer->start(100);      //当没有新消息时,重新启动定时器
    return(-1);
  }
  else
  {
      //根据 buf 中的内容将消息分发给各个相应的对象处理
      readTimer->start(100);    //重新启动定时器
  }
}
```

5.1.6　利用 QProcess 实现多线程编程

Qt 提供了一个 QProcess 类用于启动外部程序并与之通信,而外部程序在一个新的独立进程中运行。这样,利用 QProcess 启动外部程序,实际上就实现了多线程编程。

利用 QProcess 类启动一个新进程的编程方法非常简单,只需要将待启动的程序名称和启动参数传递给 start()函数即可。

例如:

```
QObject * parent;
QString program = "tar"
QStringList arguments;
arguments << "czvf" << "backup.tar.gz" << "/home";
QProcess * myProcess = new QProcess(parent);
myProcess->start(program, arguments);
```

当调用 start()函数后,myProcess 进程立即进入启动状态,但 tar 程序尚未被调用,不能读/写标准输入/输出设备。

当进程完成启动后就进入“运行状态”并向外发出 started()信号。在输入/输出方面,QProcess 将一个进程看成一个流类型的 I/O 设备来进行处理,可以通过 QIODevice::write()函数向所启动进程的标准输入写数据,也可以通过 QIODevice::read()、QIODevice::readLine()和 QIODevice::getChar()函数从这个进程的标准输出读数据。此外由于 QProcess 是从 QIODevice 类继承而来的,因此,它也可以作为 QXmlReader 的数据源,或者为 QFtp 产生上传数据。最后,当进程退出时,QProcess 进入“非运行状态”,并发出 finished()信号。

```
void finished(int exitCode, QProcess::ExitStatus exitStatus);
```

该信号在参数中返回了进程退出的退出码和退出状态,可以调用 exitCode()函数和 exitStatus()函数分别获取最后退出进程的这两个值,其中,Qt 定义的进程"退出状态"只有正常退出和进程崩溃两种,分别对应值 QProcess::NormalExit(值 0)和 Process::CrashExit(值 1)。当进程在运行中产生错误时,QProcess 将发出 error()信号,可以通过调用 error()函数返回最后一次产生错误的类型,并通过 state()读出此时进程状态。

5.2　项目需求

嵌入式 Linux 下的应用程序需要处理的事务不都是单一的,往往需要并发处理多个事务,这就需要使用多线程编程技术。因此,本项目需要实现以下基本功能:

1. 设计一个 LED 控制程序,系统界面如图 5-1 所示。

图 5-1　LED 控制界面

2. 图中的 LED1~LED4 分别对应开发板上的 4 个 LED 灯。
3. 单击"启动控制"按钮,使 4 个 LED 灯依次点亮,循环往复。
4. 单击"停止控制"按钮,使 4 个 LED 灯全部熄灭。
5. 单击"退出系统"按钮,关闭窗体。
6. 将编译后的程序下载到目标机中并运行。

5.3　项目设计

5.3.1　LED 控制原理

开发板上有 4 个用户可编程 LED,要对 LED 进行操作,首先需要打开/dev 下的

LED 设备驱动文件，代码如下所示。

```
int fd = ::open("/dev/leds", 0);
```

5.3.2　LED 开发控制

控制 LED 亮、熄的方法有多种，依赖于 LED 设备驱动程序。利用项目 3 开发的驱动程序或目标机提供的驱动程序，可用以下方案控制 LED 灯的打开与关闭。

```
#define ON 1
#define OFF 0
ioctl(fd,ON, n);
```

其中，1 表示打开，0 表示关闭，n 表示要控制哪一个 LED（由于只有 4 个 LED，因此 n 取值范围为 0 ～ 3）。

关闭 LED 设备的代码为：

```
::close(fd);
```

5.3.3　按钮控制的灵活性

考虑到单击"启动控制"按钮后，系统已处于全速循环运行状态，此时已很难通过单击"停止控制"按钮关闭 LED 灯。为了实现 3 个按钮的并发灵活控制，可将"启动控制"的事务处理置于独立的一个线程中，这样，"停止控制"和"退出系统"按钮仍处在主线程控制之下，按钮受控就会灵活自如。

5.3.4　不同线程之间通信的实现

当系统界面位于主线程，控制 LED 灯的轮流开关置于子线程以后，如何把子线程中的开关 LED 灯的信息传递到主线程中，以保持界面 LED 显示状态与实际 LED 开关同步，是一个比较难于解决的问题。

利用 Qt 提供的信号和槽的机制可以完成界面操作的响应，实现任意两个 Qt 对象之间的通信联系。其中，信号会在某个特定情况或动作下被发射，槽是等同于接收并处理信息的函数。每个 Qt 对象都包含若干个预定义的信号和若干个预定义的槽，当某一特定事件发生时，一个信息被发射，与信号相关联的槽会响应信号完成相应的事务处理。

巧妙利用信号和槽的机制可解决本项目中子线程 LED 灯的开关与主线程 LED 开关显示的同步问题。在子线程中为开关 LED 事件定义一个信号，在主线程中为 LED 开关显示定义一个槽。当子线程中开关某一 LED 时，向主线程发出信号。主线程收到来自子线程的开关信号时，启动 LED 显示处理事务，从而实现两个线程的事件同步。

5.4　项目实施

按照以上项目设计,将项目分解为 6 个具体任务,实施步骤如下:

任务一: 建立项目文件

建立项目文件包括建立项目文件夹,在 QCreator 中建立项目文件,并设置项目参数。

1. 建立项目文件夹

可在以下位置建立本项目存放地点和方式:

进入 PC VMWare Linux,在超级终端中输入以下命令,建立项目所在文件夹。

```
# cd /home/plg
# mkdir Lab05
```

2. 建立项目文件

进入 PC VMWare Linux,打开 QCreator 集成开发环境,建立项目文件 Thread,并设置项目参数。

随着系统项目文件的建立,在项目文件夹下自动产生 5 个主要文件:

Thread. pro:项目文件,管理项目设置参数。

mainwindow. ui:主窗体界面元素文件。

mainwindow. h:主窗体类文件,定义系统主类和线程类。

mainwindow. cpp:系统主类构造函数及其事务处理。

main. cpp:系统主函数源文件。

任务二: 设计程序界面

按项目需求,通过可视化方法设计程序界面,控件的选择和属性设置如表 5 - 1 所列。

表 5 - 1　系统界面控件及属性设置表

Class	Text/Title	objectName
QGroup Box	LED 工作状态	groupBox
QCheck Box	LED1	chk1
QCheck Box	LED2	chk2
QCheck Box	LED3	chk3
QCheck Box	LED4	chk4
QPush Button	启动控制	pushButton
QPush Button	停止控制	pushbutton_2
QPush Button	退出系统	pushbutton_3

任务三：修改系统主界面类文件

在 QCreator 集成开发环境下，打开系统主类文件 mainwindow.h，根据项目需求，在系统自动生成代码基础上，修改完善，形成如下文件：

```cpp
//mainwindow.h
# ifndef MAINWINDOW_H
# define MAINWINDOW_H
# include <QMainWindow>
# include "workthread.h"
namespace Ui {
    class MainWindow;
}
class MainWindow : public QMainWindow
{
    Q_OBJECT
  public:
    explicit MainWindow(QWidget * parent = 0);
    ~MainWindow();
  private slots:
    void on_pushButton_2_clicked();
    void on_pushButton_clicked();
    void on_pushButton_3_clicked();
  public slots:
    void UpdateSlot(int num);
  signals:
  private:
    Ui::MainWindow * ui;
    int number;
    WorkThread * myThread;
};
# endif // MAINWINDOW_H
```

任务四：添加 LED 控制子线程类定义文件

在 QCreator 集成开发环境中，选择"文件"→"新建"菜单项，打开新建文件对话框，如图 5-2 所示。

在对话框中的"文件和类"中选择"C++"，并进一步选择"C++头文件"。为线程头文件取名"workthread.h"，此文件定义了子线程类。

打开线程头文件"workthread.h"，在系统自动生成代码基础上，添加子线程向主线程传递同步信息的函数：

```cpp
void UpdateSignal(int num);
```

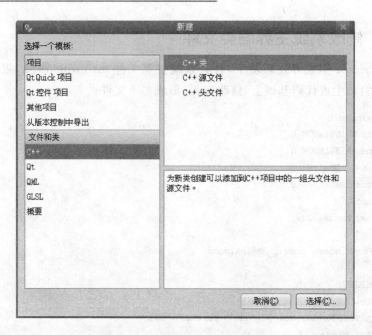

图 5 - 2　建立线程 C＋＋头文件

编写完成的子线程类定义头文件如下：

```
// workthread.h
#ifndef WORKTHREAD_H
#define WORKTHREAD_H
#endif // WORKTHREAD_H
#include <QThread>
class WorkThread:public QThread
{
    Q_OBJECT
  public:
    WorkThread();
  signals:
    void UpdateSignal(int num);
  protected:
    void run();
  private :
    int number;
};
```

任务五：添加 LED 控制子线程类实现源文件

类似于建立 workthread.h,在本项目中添加 LED 控制子线程类实现源文件

workthread.cpp,在系统模板程序基础上,编写子线程 LED 控制程序:

```cpp
//workthread.cpp
# include "workthread.h"
# include<stdlib.h>
# include <sys/ioctl.h>
# include<fcntl.h>
WorkThread::WorkThread()
{
}
void WorkThread::run()
{
    int m_fd;
    m_fd = ::open("/dev/leds",0);
    while(true)
    {
        for(int i = 0;i<4;i++)
        {
            emit UpdateSignal(i);
            sleep(2);
            ioctl(m_fd,1,i);
            sleep(1);
            ioctl(m_fd,0,i);
            sleep(1);
        }
    }
}
```

任务六: 编写主线程类实现源文件

主线程需要完成的任务包含 3 项:
① 为系统主界面按钮提供事务处理代码。
② 在需要的时候启动 LED 子线程。
③ 接收子线程传递的信号,并对信号进行解析,对主界面做出响应。
主线程类实现源文件如下:

```cpp
//mainwindow.cpp
# include "mainwindow.h"
# include "ui_mainwindow.h"
# include<stdlib.h>
# include <sys/ioctl.h>
MainWindow::MainWindow(QWidget * parent) :
    QMainWindow(parent),
    ui(new Ui::MainWindow)
```

```
{
    ui->setupUi(this);
}


MainWindow::~MainWindow()
{
    delete ui;
}
void MainWindow::on_pushButton_2_clicked()
{
    myThread->terminate();
}
void MainWindow::on_pushButton_clicked()
{
    myThread = new WorkThread();
    connect(myThread,SIGNAL(UpdateSignal(int)),this,SLOT(UpdateSlot(int)));
    myThread->start();
}
void MainWindow::on_pushButton_3_clicked()
{
    close();
}
void MainWindow::UpdateSlot(int num)
{
    try
    {
        if(num == 0)
        {
            ui->chk1->setChecked(TRUE);
            ui->chk2->setChecked(FALSE);
            ui->chk3->setChecked(FALSE);
            ui->chk4->setChecked(FALSE);
        }
        if(num == 1)
        {
            ui->chk1->setChecked(FALSE);
            ui->chk2->setChecked(TRUE);
            ui->chk3->setChecked(FALSE);
            ui->chk4->setChecked(FALSE);
        }
        if(num == 2)
        {
```

```
            ui->chk1->setChecked(FALSE);
            ui->chk2->setChecked(FALSE);
            ui->chk3->setChecked(TRUE);
            ui->chk4->setChecked(FALSE);
        }
        if(num==3)
        {
            ui->chk1->setChecked(FALSE);
            ui->chk2->setChecked(FALSE);
            ui->chk3->setChecked(FALSE);
            ui->chk4->setChecked(TRUE);
        }
    }
    catch(...)
    {
        throw;
    }
}
```

任务七：实现系统主函数

每个 C++程序都有一个主函数 main，Qt 也不例外。Qt 系统主函数一般在建立系统项目文件时自动产生，可在此基础上，根据实际需要进行修改完善。本系统的 main 函数建立在 main.cpp 源文件中，修改后的程序如下：

```
//main.cpp
# include <QtGui/QApplication>
# include "mainwindow.h"
int main(int argc, char * argv[])
{
    QApplication a(argc, argv);
    QTextCodec * code = QTextCodec::codecForName("UTF-8");
    QTextCodec::setCodecForLocale(code);
    QTextCodec::setCodecForCStrings(code);
    QTextCodec::setCodecForTr(code);
    a.setFont(QFont("wenquanyi",9));
    MainWindow w;
    w.show();
    return a.exec();
}
```

任务八: 在 PC 中编译调试

当所有程序代码都编写完成以后,先选择"文件"→"保存所有文件"菜单项,将所有编写、编辑的头文件和源文件进行保存,然后单击左侧工具栏的"项目"图标,进行如图 5-3 所示的 PC 桌面编译配置。

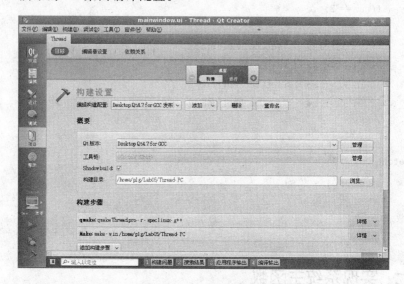

图 5-3　PC 桌面编译配置

配置完成后,单击左侧工具栏中的运行程序三角形图标,编译并在 PC VMWare Linux 平台中运行。

在编译和运行过程中,可能会出现语法错误、逻辑错误等,根据出错提示进行分析,找出出错原因,修改相应的文件,再次保存和编译调试,如此反复,直到完成。

任务九: 交叉编译成 ARM 可执行文件

在 PC 桌面编译、调试正确的基础上,单击左侧工具栏的"项目"图标,进行如图 5-4所示的基于 ARM 交叉编译的配置。

单击"构建所有项目"按钮,启动交叉编译,经交叉编译完成的 ARM 可执行文件位于 VMware 虚拟机的/home/plg/Lab05/Thread-ARM 文件夹中。

任务十: 下载到目标机

将 VMware Linux 虚拟机的/home/plg/Lab05/Thread-ARM 文件夹中的 Thread 通过 FTP 下载到目标机的/home/plg/Lab05 中并运行,操作步骤如下:

1. 从宿主机下载

进入 PC VMWare Linux 超级终端,通过 FTP 登录并下载:

图 5 – 4　ARM 交叉编译配置

```
# cd /home/plg/Lab05/Thread – ARM
# ftp 192.168.1.230
Name(192.168.1.230:root):plg
Password:plg
ftp>pub Thread
ftp>quit
```

2. 在目标机中修改 Thread 可执行权限

从 PC Windows 的超级终端进入目标机/home/plg/Lab05 目录,修改从 VM-ware Linux 下载的 Thread 文件权限,添加可执行权限:

```
# cd /home/plg/Lab05
# chmod + x Tthread
```

3. 在目标机运行

首先从超级终端进入目标机的/bin 目录,执行环境设置命令:

```
# cd /bin
# . setqt4env
```

再进入/home/plg/Lab05 目录,运行多线程系统:

```
# cd /home/plg/Lab05
# ./Thread – qws
```

命令执行后,若目标程序正确无误,则将在目标机上显示项目需求的界面,界面中的 4 个象征 LED 灯的 CheckBox 将依次被选择,同时目标机核心板上的 4 个 LED

灯依次点亮。若单击"停止控制"按钮,循环亮灯程序停止。若单击"退出系统"按钮,应用程序窗体关闭。

5.5 项目小结

1. Linux 是一个多用户多任务操作系统,系统的所有任务在内核的调度下执行。进程是一个动态地使用系统资源、处于活动状态的应用程序。

2. 线程是 Linux 任务管理中另一个重要概念,一个进程中可以包含多个线程,一个线程可以与当前进程中的其他线程进行数据交换,共享数据,但拥有自己的栈空间。

3. 在嵌入式 Linux 应用程序开发中,多线程编程是一个常用方法,用于解决因循环执行某一任务而使用户界面失去响应的问题。

4. Qt 提供 3 个类用于多线程编程:QThread、QTimer 和 QProcess。其中,QThread 用于启动一个通用线程,QTimer 把定时控制设置在一个独立的线程中,而 QProcess 常用于在运行一个可执行程序时,以一个独立进程加以处理。

5. Qt 通过信号/槽的方式实现不同线程之间的通信,在一个线程中发射信号,而在另一个线程中通过槽函数接收,从而实现两个线程之间的数据传递与交换。

5.6 工程实训

实训目的

1. 理解 Qt 多线程工作机理。
2. 掌握 Qt 多线程程序编写方法。
3. 掌握 Qt 线程间通信程序编写方法。
4. 掌握 Qt 多线程程序的调试与部署方法。

实训环境

1. 硬件:PC 机一台,开发板一块,串口线一根,双绞线一根。
2. 软件:Windows XP 操作系统,虚拟机 VMWare,Linux 操作系统。

实训内容

1. 实现项目 5 的 LED 控制程序。
2. 编写蜂鸣器控制应用程序,项目需求如下:
(1) 程序参考界面如图 5-5 所示。
(2) 单击"打开蜂鸣器"按钮,实现蜂鸣器连续以固定频率鸣叫。

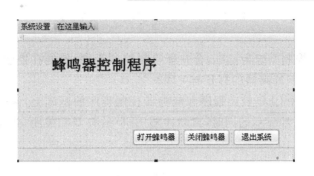

图 5-5　蜂鸣器控制界面

（3）单击"关闭蜂鸣器"按钮，停止蜂鸣器鸣叫。

（4）单击"退出系统"按钮，关闭应用程序窗体。

3．把蜂鸣器控制程序下载到目标机运行。

实训步骤

1．用串口线、双绞线将 PC 机与目标机相连。

2．启动 PC Linux，熟悉 Qt 开发环境。

3．启动 Qt Creator，在/home/plg/Lab05 文件夹下建立项目文件 Buzzer。

4．按实训要求设计程序界面。

5．编写与"打开蜂鸣器"按钮对应槽函数程序代码。

6．编写与"关闭蜂鸣器"按钮对应槽函数程序代码。

7．编写与"退出系统"按钮对应槽函数程序代码。

8．在 PC Linux 下编译、运行。

9．配置项目参数，交叉编译为 ARM 可执行程序 Buzzer_ARM。

10．打开 PC Windows 超级终端窗口，启动目标机 Linux 系统。

11．通过 FTP 将 Buzzer 从 PC Linux 下载到目标机的/home/plg/Lab05 下。

12．在目标机的/home/plg/Lab05 下，为 Buzzer 文件添加可执行权限。

13．在目标机上运行 Buzzer。

5.7　拓展提高

思　考

1．Qt 提供了哪些方案用于实现多线程编程？在实际编程中怎样选择？

2．Qt 中是如何通过信号/槽的方式实现不同线程之间通信的？

操　作

1. 以 LED 控制系统为基础,合并蜂鸣器控制程序,使能在控制 LED 循环显示的同时,可手动控制蜂鸣器的打开与关闭。

2. 在实现合并 LED 控制程序和蜂鸣器控制程序的基础上,修改蜂鸣器控制方式,使能在 LED 循环显示的同时,自动伴随 LED 的打开和关闭,相应打开和关闭蜂鸣器。

项目 6

开发串口通信应用程序

学习目标：

➤ 了解嵌入式 Linux 串口通信的工作原理；

➤ 掌握向串口发送数据的编程方法；

➤ 掌握从串口接收数据的编程方法。

嵌入式系统不是孤立的，常常需要与上位机进行通信，实现命令的接收与信息的传送，也常常需要连接传感器和执行器，完成数据采集和设备控制。串行通信技术是一种近距离通信手段，因为使用方便、编程简单而在嵌入式 Linux 系统开发中广泛使用。通过本项目的实施，将能了解嵌入式 Linux 串行通信原理，掌握嵌入式 Linux 系统通过串口进行数据收发程序的开发方法。

6.1 知识背景

电子工业协会（EIA，Electronic Industry Association）推荐的 RS232C 标准，是一种常用的串行数据传输总线标准。UART（通用异步收发器/串口/RS232）常用于计算机和微控制器的通信。在 ARM 嵌入式系统中，UART 串口与 USB、网口常用于系统的调试和数据传输。

6.1.1 串行通信原理

串行通信是指将构成字符的每个二进制数据位，依据一定的顺序逐位进行传送的通信方法。在串行通信中，有两种基本的通信方式：异步通信和同步通信。

1. 异步串行通信

异步串行通信是将传输数据的每个字符一位接一位（例如先低位、后高位）地传送。数据的各不同位可以分时使用同一传输通道，因此串行 I/O 可以减少信号连线，最少用一对线即可进行。接收方对于同一根线上一连串的数字信号，首先要分割成位,再按位组成字符。为了恢复发送的信息,双方必须协调工作。在微型计算机中大量使用异步串行 I/O 方式,双方使用各自的时钟信号,而且允许时钟频率有一定误差,因此实现比较容易。但是由于每个字符都要独立确定起始和结束(即每个字符都要重新同步),字符和字符间还可能有长度不定的空闲时间,因此效率较低。

异步串行通信中的字符传送格式如图 6-1 所示。

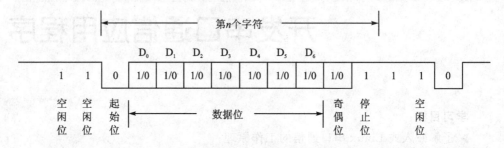

图 6-1 异步串行通信字符传送格式

开始前,线路处于空闲状态,送出连续"1"。传送开始时首先发一个"0"作为起始位,然后出现在通信线上的是字符的二进制编码数据。每个字符的数据位长可以约定为 5 位、6 位、7 位或 8 位,一般采用 ASCII 编码。后面是奇偶校验位,根据约定,用奇偶校验位将所传字符中为"1"的位数凑成奇数个或偶数个。也可以约定不要奇偶校验,这样就取消奇偶校验位。最后是表示停止位的"1"信号,这个停止位可以约定持续 1 位、1.5 位或 2 位的时间宽度。至此一个字符传送完毕,线路又进入空闲,持续为"1"。经过一段随机的时间后,下一个字符开始传送才又发出起始位。每一个数据位的宽度等于传送波特率的倒数。计算机异步串行通信中,常用的波特率为 9 600、19 200、38 400、57 600、115 200 等。

2. 同步串行通信

在异步通信中,每一个字符要用到起始位和停止位作为字符开始和结束的标志,以至于占用了时间。所以,在数据传送时,为了提高通信速度,常去掉这些标志,而采用同步传送。同步通信不像异步通信那样,靠起始位在每个字符数据开始时使发送和接收同步,而是通过同步字符在每个数据块传送开始时使收发双方同步。

3. RS232C 接口

美国电子工业协会推荐的一种标准(Electronic Industries Association Recoil-mendedStandard),在 25 针接插件(DB-25)上定义了串行通信的有关信号,在实际异步串行通信中,并不要求用全部的 RS232C 信号,许多 PC/XT 兼容机仅用 15 针接插件(DB-15)来引出其异步串行 I/O 信号,而 PC 中更是大量采用 9 针接插件(DB-9)来担当此任。

DB-9 引脚定义如图 6-2 所示。

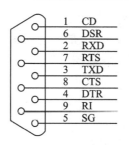

图 6 - 2　DB - 9 RS232C 接口

DB - 9 引脚功能如表 6 - 1 所列。

表 6 - 1　DB - 25、DB - 9 的主要引脚功能

引脚名称	引脚全称	引脚功能
FG	Frame Groud	连到机器的接地线
TXD	Transmitted Data	数据输出线
RXD	Received Data	数据输入线
RTS	Request to Send	要求发送数据
CTS	Clear to Send	回应对方发送的 RTS 的发送许可,告诉对方可以发送
DSR	Data Set Ready	告知本机在待命状态
DTR	Data Terminal Ready	告知数据终端处于待命状态
CD	Carrier Detect	载波检出,用以确认是否收到 Modem 的载波
SG	Signal Ground	信号的接地线(严格说是信息线的零标准线)

RS232C 接口通信的两种基本连接方式如图 6 - 3 所示。

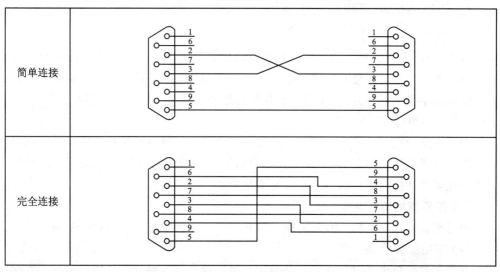

图 6 - 3　RS232C 接口通信连接方式

RS232C 接口信号电平规定：

EIA 电平：双极性信号逻辑电平，它是一套负逻辑，定义$-3\sim-25$ V 的电平表示逻辑"1"，$+3\sim+25$ V 的电平表示逻辑"0"。

TTL 电平：计算机内部（S3C6410）使用 TTL 电平。标准 TTL 电平规定，$+5$ V 等价于逻辑"1"，0 V 等价于逻辑"0"。

电平转换电路：为了实现计算机与外部设备之间串口通信，在 TTL 电平和 EIA 电平之间需要进行相互转换。实际连接时常用专门的 RS232 接口芯片，如 SP3232、SP3220 等。

在 ARM 系统中，要完成最基本的串行通信功能，实际上只需要 RXD、TXD 和 GND 即可，这样的连接只要 3 根线。但由于 RS232C 标准所定义的高、低电平信号与 ARM 系统的电路所定义的高、低电平信号完全不同，因此，两者间要进行通信就必须经过信号电平的转换。实际电路连接中，一般通过专用集成电路进行电平转换。

6.1.2 串行通信协议

所谓通信协议是指通信双方的一种约定。约定包括对数据格式、同步方式、传送速度、传送步骤、检纠错方式以及控制字符定义等问题做出统一规定，通信双方必须共同遵守。因此，也叫通信控制规程，或称传输控制规程，它属于国际标准化组织制定的网络通信 OSI7 层参考模型中的数据链路层。

目前，串行通信协议有两类：异步协议和同步协议。同步协议又有面向字符和面向比特以及面向字节计数 3 种。

1. 串行通信接口的基本任务

(1) 实现数据格式化

因为来自 CPU 的是普通的并行数据，所以，接口电路应具有实现不同串行通信方式下的数据格式化的任务。在异步通信方式下，接口自动生成起止式的帧数据格式。在面向字符的同步方式下，接口要在待传送的数据块前加上同步字符。

(2) 进行串-并转换

串行传送，数据是一位一位相继传送的，而计算机处理数据是并行数据。所以当数据由计算机送至数据发送器时，首先把串行数据转换为并行数才能送入计算机处理。因此串并转换是串行接口电路的重要任务。

(3) 控制数据传输速率

串行通信接口电路应具有对数据传输速率——波特率进行选择和控制的能力。

(4) 进行错误检测

在发送时接口电路对传送的字符数据自动生成奇偶校验位或其他校验码。在接收时，接口电路检查字符的奇偶校验或其他校验码，确定是否发生传送错误。

（5）进行 TTL 与 EIA 电平转换

CPU 和终端均采用 TTL 电平及正逻辑，它们与 EIA 采用的电平及负逻辑不兼容，需在接口电路中进行转换。

（6）提供 EIA – RS – 232 – C 接口标准所要求的信号线

远距离通信采用 MODEM 时，需要 9 根信号线；近距离零 MODEM 方式，只需要 3 根信号线。这些信号线由接口电路提供，以便与 MODEM 或终端进行联络与控制。

2. 串行通信接口电路的组成

为了完成上述串行接口的任务，串行通信接口电路一般由可编程的串行接口芯片、波特率发生器、EIA 与 TTL 电平转换器以及地址译码电路组成。其中，串行接口芯片，随着大规模继承电路技术的发展，通用的同步（USRT）和异步（UART）接口芯片种类越来越多。它们的基本功能是类似的，都能实现上面提出的串行通信接口基本任务的大部分工作，且都是可编程的。采用这些芯片作为串行通信接口电路的核心芯片，会使电路结构比较简单。

3. 起止式异步通信协议

嵌入式系统采用的串行通信一般是起止式异步协议，其特点是一个字符一个字符传输，并且传送一个字符总是以起始位开始，以停止位结束，字符之间没有固定的时间间隔要求。每一个字符的前面都有一位起始位（低电平，逻辑值 0），字符本身有 5～7 位数据位组成，接着字符后面是一位校验位（也可以没有校验位），最后是一位，或一位半，或二位停止位，停止位后面是不定长度的空闲位。停止位和空闲位都规定为高电平（逻辑值），这样就保证起始位开始处一定有一个下跳沿。

起止式异步通信靠起始位和停止位来实现字符的界定或同步，故称为起始式协议。起始位实际上是作为联络信号附加进来的，当它变为低电平时，告诉接收方传送开始。它的到来，表示下面接着是数据位来了，要准备接收。而停止位标志一个字符的结束，它的出现，表示一个字符传送完毕。这样就为通信双方提供了何时开始收发，何时结束的标志。传送开始前，发收双方把所采用的起止式格式（包括字符的数据位长度，停止位位数，有无校验位以及是奇校验还是偶校验等）和数据传输速率做统一规定。传送开始后，接收设备不断地检测传输线，看是否有起始位到来。当收到一系列的"1"（停止位或空闲位）之后，检测到一个下跳沿，说明起始位出现，起始位经确认后，就开始接收所规定的数据位和奇偶校验位以及停止位。经过处理将停止位去掉，把数据位拼装成一个并行字节，并且经校验后，无奇偶错才算正确的接收一个字符。一个字符接收完毕，接收设备有继续测试传输线，监视"0"电平的到来和下一个字符的开始，直到全部数据传送完毕。

由上述工作过程可看到，异步通信是按字符传输的，每传输一个字符，就用起始位来通知收方，以此来重新核对收发双方同步。若接收设备和发送设备两者的时钟频率略有偏差，这也不会因偏差的累积而导致错位，加之字符之间的空闲位也为这种偏差提供一种缓冲,所以异步串行通信的可靠性高。但由于要在每个字符的前后加上起始位和停止位这样一些附加位,使得传输效率变低了,只有约 80%。因此,起止协议一般用在数据速率较慢的场合(小于 19.2 kbit/s)。在高速传送时,一般要采用同步协议。

6.1.3　Qt 串行通信架构

Qt 中没有特定的串口控制类,实现串行通信编程通常采用两种方案:一是借用 QSocketNotifier 类,二是使用第三方写的 QExtSerialport 类。

1. 用 QSocketNotifier 类实现串行通信

QSocketNotifier 用来监听系统文件操作,将操作转换为 Qt 事件进入系统的消息循环队列,并调用预先设置的事件接受函数,处理事件。

QSocketNotifier 可处理 3 类事件:read、write 和 exception。每个 QSocketNotifier 对象只能监听一个事件,如果要同时监听两个以上事件必须创建两个以上的监听对象。

```
QSocketNotifier::QSocketNotifier(int socket, Type, type,QObject * parent = 0 );
```

使用 QSocketNotifier 来监听串口数据的编程方法如下:

在使用 open 方法打开串口并设置好属性后,可以使用 QSocketNotifier 来监听串口是否有数据可读,它是事件驱动的,配合 Qt 的 signal/slot 机制,当有数据可读时,QSocketNotifier 就会发射 ativated 信号,编程时只需要创建一个 slot 连接到该信号即可,典型代码如下:

```
m_fd = openSerialPort();
if (m_fd < 0)
{
    QMessageBox::warning(this, tr("出错"), tr("打开串口失败!"));
    return ;
}
m_notifier = new QSocketNotifier(m_fd, QSocketNotifier::Read, this);
connect (m_notifier, SIGNAL(activated(int)), this, SLOT(remoteDataIncoming()));
```

在上述代码中,首先使用 openSerialPort 函数打开串口并配置串口属性,接着用 m_fd 和 QSocketNotifier::Read 作为参数构造一个 QSocketNotifier 的实例,QSocketNotifier::Read 参数表示监测串口的可读状态,最后将 QSocketNotifier 实例的 activated 信号连接到 remoteDataIncoming slot,当有数据可读时,remoteDataIncoming slot 会被调用。

下面是 remoteDataIncoming slot 的代码,它的功能在于调用 read 函数读取串口数据,然后将数据显示到界面上:

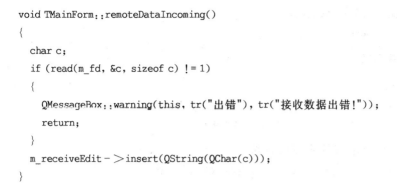

```
void TMainForm::remoteDataIncoming()
{
  char c;
  if (read(m_fd, &c, sizeof c) != 1)
  {
    QMessageBox::warning(this, tr("出错"), tr("接收数据出错!"));
    return;
  }
  m_receiveEdit->insert(QString(QChar(c)));
}
```

2. 用 QExtSerialport 类实现串行通信

QExtSerialport 是一个第三方类,专用于 Windows 和 Linux 环境下 Qt 平台串口通信编程,下载地址为:http://sourceforge.net/projects/qextserialport/files/,解压后的包中与 Linux 串口通信编程相关的文件共两组:

- qextserialbase.cpp 和 qextserialbase.h
- posix_qextserialport.cpp 和 posix_qextserialport.h

QExtSerialport 类提供两种串口通信编程模式:事件驱动模式(EventDriven)和查询模式(Polling)。事件驱动方式 EventDriven 就是使用事件处理串口数据的读取,一旦有数据到来,就会发出 readyRead() 信号,编程中可以关联该信号来读取串口的数据。在事件驱动模式下,串口的读/写是异步的,调用读/写函数会立即返回,它们不会冻结调用线程。而查询模式 Polling 则不同,读/写函数是同步执行的,信号不能工作在这种模式下,而且有些功能也无法实现。但是这种模式下的开销较小,编程中需要建立定时器来读取串口的数据。在 Windows 下支持以上两种模式,而在 Linux 下只支持 Polling 模式。

Linux 环境下编程步骤如下:

(1) 新建应用系统工程文件

在 Qt Creator 中新建 Qt Gui 工程。

(2) 向工程中添加 QExtSerialport 类

将 4 个串口通信类相关的文件添加到工程中,方法是在 Qt Creator 的工程列表文件夹上右击,在弹出的菜单中选择"Add Existing Files"菜单项,然后选中 4 个文件并确定添加。

(3) 在 widget.h 文件中进行对象及函数声明

添加头文件包含:

```
#include"posix_qextserialport.h"
#include <QTimer>
```

然后在 private 中声明对象:

```
posix_QextSerialPort * myCom;
QTimer * readTimer;
```

声明私有槽函数：

```
private slots:
    void on_pushButton_clicked();        //"发送数据"按钮槽函数
    void readMyCom();                    //读取串口
```

(4) 在 widget. cpp 文件中进行更改

在构造函数中添加代码，完成后，构造函数内容如下：

```
Widget::Widget(QWidget * parent):QWidget(parent),ui(new Ui::Widget)
{
    ui->setupUi(this);
    //定义串口对象,指定串口名和查询模式
    myCom = new Win_QextSerialPort("/dev/ttyS0",QextSerialBase::Polling);
     //以读/写方式打开串口
    myCom ->open(QIODevice::ReadWrite);
    //波特率设置
    myCom->setBaudRate(BAUD9600);
    //数据位设置
    myCom->setDataBits(DATA_8);
    //奇偶校验设置
    myCom->setParity(PAR_NONE);
    //停止位设置
    myCom->setStopBits(STOP_1);
    //数据流控制设置
    myCom->setFlowControl(FLOW_OFF);
    //设置延时为 100 ms
    readTimer = new QTimer(this);
    readTimer->start(100);
    //信号和槽函数关联,延时一段时间,进行读串口操作
    connect(readTimer,SIGNAL(timeout()),this,SLOT(readMyCom()));
}
```

实现槽函数：

```
void Widget::readMyCom() //读取串口数据并显示出来
{
    //读取串口缓冲区的所有数据给临时变量 temp
    QByteArray temp = myCom ->readAll();
    //将串口的数据显示在窗口的文本浏览器中
    ui->textBrowser->insertPlainText(temp);
}
```

```
void Widget::on_pushButton_clicked()    //发送数据
{
    //以 ASCII 码形式将数据写入串口
    myCom->write(ui->lineEdit->text().toAscii());
}
```

6.2 项目需求

嵌入式系统的调试通常通过串口实现宿主机与目标机之间的通信,完成数据传输和指令控制。一个基于嵌入式的控制系统也常常将嵌入式目标机与 PC 机连接起来,由目标机采集数据,再通过串口传送到 PC 机进行数据分析与统计。这些应用都对如何实现目标机与 PC 机的串口通信编程技术提出了需求。因此,通过本项目的实施,需要嵌入式 Linux 系统提供以下功能:

1. 设计串口通信应用系统

串口通信界面如图 6-4 所示。

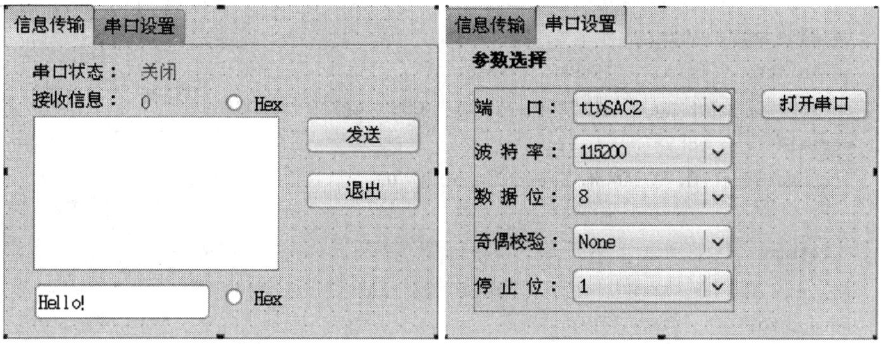

图 6-4 串口通信界面

2. 提供串口参数设置功能

可通过系统界面设置串口通信所需的端口、波特率、数据位、奇偶校验和停止位方式等参数,并在实际通信程序中使用这些参数。

3. 提供串口接收数据功能

通过常用的 PC 串口工具如 sscom32,可将通信字符通过串口接收并显示在窗口中。

4. 提供串口数据发送功能

在本系统中,可通过串口将字符发送到其他串口设备之中。

6.3　项目设计

6.3.1　串口设备的打开

要进行串口通信,首先要打开串口设备,使用 Linux 下的 open 函数即可打开,打开串口设备后,还需要设置波特率等串口参数,模板代码如下所示:

```
# include "termios.h"
int openSerialPort()
{
    int fd = -1;
    const char * devName = "/dev/ttySAC2";
    fd = ::open(devName, O_RDWR|O_NONBLOCK);
    if (fd < 0)
    {
        return -1;
    }
    termios serialAttr;
    serialAttr.c_iflag = IGNPAR;
    serialAttr.c_cflag = B115200 | HUPCL | CS8 | CREAD | CLOCAL;
    serialAttr.c_cc[VMIN] = 1;
    if(tcsetattr(fd, TCSANOW, &serialAttr) != 0)
    {
        return -1;
    }
    return fd;
}
```

注意,由于开发板上的第 0 号串口/dev/ttySAC0 已经用作与 PC 机之间的系统通信,因此,只能使用/dev/ttySAC1～/dev/ttySAC3 这 3 个串口进行自编串口通信程序的联系。

6.3.2　串口设备的读/写

要对串口设备进行读/写,使用 Linux 标准 I/O 函数 read 和 write 即可。当使用 write(fd,"abcd",4)往串口设备写 abcd 时,PC 端的终端上会显示 abcd,同理,当在 PC 端串口程序中输入字符时,使用 read(fd, buff, sizeof buff) 函数可以读取 PC 端发送过来的字符。

现在问题是,如何才能知道 PC 端有数据发送过来呢?

由于应用系统程序通常有图形界面,所以不能用循环查询来等待数据到来,因为这样会导致界面被阻塞(造成界面假死),可以用 Timer 驱动的方法来轮询设备是否有数据到来,但用 Timer 缺点是不够及时。解决的思路是可以开一个新的线程或进程来监听串口数据。但是,由于以下因素,用开线程的方法实施理论上可行,而实际效果不够理想。第一,多个线程/进程之间的通信、同步会给程序带来额外的复杂性,而复杂的程序容易出错;第二,多进程/线程消耗的系统资源较多。

Qt 是事件驱动的,事件驱动在 UI 系统中使用得非常普遍。设备的事件驱动式设计,相应就是"不要等数据可访问,可访问时系统会找你",而在 Qt 中,可以使用 QSocketNotifier 类来达到设备事件驱动式设计目的。

使用 QSocketNotifier 来监听串口数据的方法设计如下:

在使用 open 方法打开串口并设置好属性后,可以使用 Qt 的类 QSocketNotifier 来监听串口是否有数据可读,它是事件驱动的,配合 Qt 的 signal/slot 机制,当有数据可读时,QSocketNotifier 就会发射 ativated 信号,此时只要创建一个 slot 连接到该信号即可,模式代码如下所示:

```
m_fd = openSerialPort();
if (m_fd < 0)
{
  QMessageBox::warning(this, tr("出错"), tr("打开串口失败!"));
  return ;
  }
  m_notifier = new QSocketNotifier(m_fd, QSocketNotifier::Read, this);
  connect (m_notifier, SIGNAL(activated(int)), this, SLOT(remoteDataIncoming()));
```

在上述代码中,首先使用 openSerialPort 函数打开串口并配置串口属性,接着用 m_fd 和 QSocketNotifier::Read 作为参数构造一个 QSocketNotifier 的实例,QSocketNotifier::Read 参数表示需要关心串口的可读状态,最后将 QSocketNotifier 实例的 activated 信号连接到 remoteDataIncoming slot,当有数据可读时,remoteDataIncoming slot 会被调用。

下面是 remoteDataIncoming slot 的代码,它的代码比较简单,只是调用 read 函数读取串口数据,然后将数据显示到界面上:

```
void TMainForm::remoteDataIncoming()
{
  char c;
  if (read(m_fd, &c, sizeof c) != 1)
  {
    QMessageBox::warning(this, tr("出错"), tr("接收数据出错!"));
    return;
  }
  m_receiveEdit -> insert(QString(QChar(c)));
}
```

6.4　项目实施

任务一：建立项目文件

1. 建立项目文件夹

进入 PC VMware Linux 中，输入以下命令建立项目文件夹。

```
# cd /home/plg
# mkdir Lab06
```

2. 建立项目文件

进入 PC VMware Linux，打开 QCreator 集成开发环境，单击"新建项目"按钮，在/home/plg/Lab06/Serial 文件夹中建立项目文件，并设置项目参数。

随着系统项目文件的建立，在项目文件夹下自动产生 4 个主要文件：

Serial. pro：项目文件，管理项目设置参数。

mainwidget. h：系统头文件，定义系统主类。

mainwidget. cpp：系统主类构造函数，实现事务处理。

main. cpp：系统主函数源文件。

mainwidget. ui：系统界面文件。

任务二：设计程序界面

按项目需求，通过可视化方法设计程序界面，控件的选择和属性设置如表 6 - 1 所列。

表 6 - 1　系统界面主要对象设置

对　象	类	基本设置
tabWidget	QTabWidget	
label_2	QLabel	text＝"端口"
label_3	QLabel	text＝"波特率"
label_4	QLabel	text＝"波特率"
label_5	QLabel	text＝"奇偶校验"
label_6	QLabel	text＝"停止位"
dbPort	QComboBox	
dbBaud	QComboBox	
dbBit	QComboBox	

续表 6 - 1

对　象	类	基本设置
dbParity	QComboBox	
dbStop	QComboBox	
pbOpenSerial	QPushButton	text="打开串口"
txtRe	QTextBrowser	
leS	QLineEdit	
pbSend	QPushButton	text="发送"
pushButton	QPushButton	text="退出"
label_7	QLabel	text="串口状态"
lblSerialState	QLabel	text="关闭"

任务三：编写头文件

在工程 Serial. pro 中打开头文件 mainwidget. h,定义系统主类、函数和变量。

```
# ifndef MAINWIDGET_H
# define MAINWIDGET_H
# include <QMainWidget>
# include <QSocketNotifier>
namespace Ui {
  class MainWidget;
}
class MainWidget : public QMainWidget
{
    Q_OBJECT
  public:
    explicit MainWidget(QMainWidget * parent = 0);
    ~MainWidget();
  private slots:
    void on_pbOpenSerial_clicked();
    void on_pbSend_clicked();
    void remoteDataIncoming();
    void on_cbPort_activated(const QString &arg1);
    void on_pushButton_clicked();
    void on_rbIsHexR_clicked();
  private:
    Ui::Widget * ui;
    int openSerialPort();
    int m_fd;
```

```
    QSocketNotifier * m_notifier;
    int num_r;
};
#endif // WIDGET_H
```

任务四：编写源文件

在工程 Serial. pro 中打开系统源文件 mainwidget. cpp，编写功能实现程序。

```
#include "mainwidget.h"
#include "ui_mainwidget.h"
#include "fcntl.h"
#include "termios.h"
#include <QMessageBox>
#include "stdio.h"
MainWidget::MainWidget(QMainWidget * parent) :
  QMainWidget(parent),ui(new Ui::MainWidget)
{
    ui->setupUi(this);
    num_r = 0;
    m_fd = -1;
}
MainWidget::~MainWidget()
{
    delete ui;
    m_notifier->deleteLater();
    if(m_fd>0)
    {
        ::close(m_fd);
        m_fd = -1;
    }
}
void MainWidget::on_pbOpenSerial_clicked()
{
    m_fd = openSerialPort();
    if(m_fd<0)
    {
        QMessageBox::warning(this,tr("出错"),tr("打开串口出错!"));
        printf("打开串口出错!");
        return;
    }
    ui->lblSerialState->setText(tr("已打开"));
```

```
    ui->pbOpenSerial->setText(tr("关闭"));
    m_notifier = new QSocketNotifier(m_fd,QSocketNotifier::Read,this);
    connect(m_notifier,SIGNAL(activated(int)),
            this,SLOT(remoteDataIncoming()));
}
int Widget::openSerialPort()
{
    int fd = -1;
    QString devName = "/dev/";
    devName + = ui->cbPort->currentText();
    fd = ::open(devName.toAscii(),O_RDWR|O_NONBLOCK);
    if(fd<0)
    {
        return -1;
    }
    termios serialAttr;
    memset(&serialAttr,0,sizeof(serialAttr));
    serialAttr.c_iflag = IGNPAR;
    serialAttr.c_cflag = B115200|HUPCL|CS8|CREAD|CLOCAL;
    serialAttr.c_cc[VMIN] = 1;
    if(tcsetattr(fd,TCSANOW,&serialAttr)! = 0)
    {
        return -1;
    }
    return fd;
}
void Widget::remoteDataIncoming()
{
    char c;
    if(::read(m_fd,&c,sizeof(c))! = 1)
    {
        QMessageBox::warning(this,tr("出错"),tr("接收数据出错!"));
        return;
    }
    num_r ++ ;
    ui->lblNum->setText(QString::number(num_r));
    ui->txtRe->insertPlainText(QString(c));
}
void Widget::on_pbSend_clicked()
{
    QString s(ui->leS->text());
    if(s.isEmpty())
```

```
        {
            return;
        }
        ::write(m_fd,s.toLatin1(),s.length());
}
void Widget::on_cbPort_activated(const QString &arg1)
{
}
void Widget::on_pushButton_clicked()
{
    close();
}
void Widget::on_rbIsHexR_clicked()
{
}
```

任务五：修改系统主函数文件

在工程 Serial.pro 中打开系统主文件 main.cpp，编写支持中文显示和启动系统
程序。

```
# include <QtGui/QApplication>
# include "mainwidget.h"
int main(int argc, char * argv[])
{
    QApplication a(argc, argv);
    a.setFont(QFont("wenquanyi",9));
    QTextCodec * code = QTextCodec::codecForName("UTF - 8");
    QTextCodec::setCodecForLocale(code);
    QTextCodec::setCodecForCStrings(code);
    QTextCodec::setCodecForTr(code);
    MainWidget w;
    w.show();
    return a.exec();
}
```

任务六：编译、下载与调试

1. 在 PC 中编译调试

当所有程序代码都编写完成以后，先选择"文件"→"保存所有文件"菜单项，将项
目中的文件进行保存，然后单击左侧工具栏的"项目"图标，选择"Desktop Q4.7 for

GCC 发布"编译方式,完成项目 PC Linux 版本的编译与运行,检查系统源文件的语法错误,显示系统图形用户界面,初步测试系统响应。

2. 编译 ARM 版目标文件

在完成 PC 桌面版初步测试的基础上,单击左侧工具栏的"项目"图标,选择"Embedded Q4.7 调试"编译方式,设置"/home/plg/Lab06/Serial－ARM"构建目录,最后单击"构建所有项目"按钮,完成 ARM 目标程序的编译。

3. 从宿主机下载

打开 PC Windows 超级终端,启动目标机进入 Linux 状态,等待目标程序的下载。

进入 PC VMWare Linux 超级终端,通过 FTP 登录并下载:

```
#cd /home/plg/Lab06/Serial－ARM
#ftp 192.168.1.230
Name(192.168.1.230:root):plg
Password:plg
ftp>put Serial
```

4. 在目标机中修改目标程序可执行权限

进入目标机/home/plg/Lab06 目录,修改从 PC 机下载的 Serial 文件权限,添加可执行权限:

```
#cd /home/plg/Lab06
#chmod ＋x Serial
```

5. 在目标机运行

(1) 启动目标程序

首先从 PC Windows 超级终端进入目标机的/bin 目录,执行环境设置命令:

```
#cd /bin
#. setqt4env
```

再进入/home/plg/Lab06 目录,运行串口通信系统程序:

```
#/cd /home/plg/Lab06
#./Serial －qws
```

命令执行后,若目标程序正确无误,则将在目标机上显示系统窗口界面,如图 6－5所示。

选择串口设置标签页,按图示方式设置串口通信参数。

(2) 打开 PC 串口通信工具

将串行线从目标机的 tty0 口转接到 tty1 口,为目标程序的调试做好硬件连接。

图 6-5 设置目标机串口通信参数

在 PC Windows 中双击 Labroot/Lab06/sscom32 文件夹下的 sscom32.exe 文件,打
开串口通信工具,并根据 PC 串口分配情况进行串口参数设置,如图 6-6 所示。

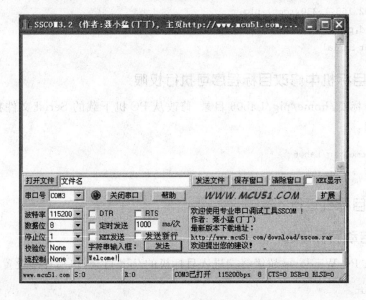

图 6-6 PC 串口通信工具

(3) 从目标机发送串口信息

先在目标机中单击"信息传输"标签,将目标机工作状态切换到串口信息收发状态。

然后单击"发送"按钮,如果目标程序无误,在 PC sscom32 窗口中应能收到并显
示"hello!"字符串。

(4) 从 PC 机发送串口信息

先在 PC sscom32 的字符串输入框中输入"Welcome!"字符串,然后单击"发送"
按钮,再检查目标机的接收窗口。当出现与 PC 机发送相一致的"Welcome!"字符串
时,表明目标程序接收串口信息程序正常。

6.5　项目小结

1. 串口通信是嵌入式系统与上位机和下位机通信的常用编程方式,它连接简单,编程方便,易于调试。

2. Qt 中没有特定的串口控制类,通常使用 QSocketNotifier 类实现串口通信编程,基本方法是:

先使用 open 方法打开串口并设置属性,然后使用 Qt 的类 QSocketNotifier 来监听串口是否有数据可读,配合 Qt 的 signal/slot 机制。当有数据可读时,QSocketNotifier 发射 ativated 信号,而在接收程序中创建一个 slot 连接到该信号,实现串行数据的读/写。

3. Qt 中实现串行通信编程的另一种常用方法是使用第三方插件 QExtSerialport 类。

6.6　工程实训

实训目的

1. 理解 Qt 串口通信工作机理。
2. 熟悉嵌入式串口通信编程的基本流程。
3. 掌握应用 QSocketNotifier 类编写串口通信程序的基本方法。
4. 掌握嵌入式串口通信程序的编译、调试与部署方法。

实训环境

1. 硬件:PC 机一台,开发板一块,串口线一根,双绞线一根。
2. 软件:Windows XP 操作系统,虚拟机 VMWare,Linux 操作系统,sscom32. exe 串口通信工具软件。

实训内容

1. 熟悉 QSocketNotifier 类的使用方法。
2. 应用 QSocketNotifier 类编写 Qt 串行通信应用程序,项目需求如下:
(1) 程序参考界面如图 6 - 4 所示。
(2) 可从目标机中发送信息到 PC 串口通信工具 sscom32. exe。
(3) 可从目标机中接收并显示来自 PC 串口通信工具 sscom32. exe 的信息。
(4) 可以 Hex 格式通过串口实现数据双向传输。

实训步骤

1. 用串口线、双绞线将 PC 机与目标机相连。

2. 启动 PC Linux，进入 Qt 开发环境。

3. 启动 Qt Creator，在 Lab06 文件夹下建立项目文件 SerialTest。

4. 按实训要求设计程序界面。

5. 修改 mainwindow.h 项目头文件。

6. 修改 mainwindow.cpp 项目源文件。

7. 修改 main.cpp 项目主函数文件。

8. 在 PC Linux 下编译、运行和调试。

9. 配置项目参数，交叉编译为 ARM 可执行程序 SerialTest。

10. 打开 PC Windows 超级终端窗口，启动目标机 Linux 系统。

11. 通过 FTP 将 SerialTest 从 PC VMWare Linux 下载到目标机的/home/plg/Lab06 下。

12. 在目标机的/home/plg/Lab06 下，为 SerialTest 文件添加可执行权限。

13. 在目标机上运行 SerialTest。

14. 在 PC 机上启动 sscom32 串行通信工具并进行串口参数设置。

15. 从 sscom32 发送信息到 SerialTest。

16. 从 SerialTest 发送信息到 sscom32。

6.7　拓展提高

思　考

1. 怎样通过 QSocketNotifier 类实现串口通信编程？

2. 怎样通过第三方插件 QExtSerialport 类实现串口通信编程？

操　作

1. 使用第三方插件 QExtSerialport 类编写串行通信程序，程序界面可参考图 6-4 所示。

2. 将两台目标机通过串行线相连，利用已开发的串行通信程序实现数据收发。

项目 **7**

开发多媒体应用程序

学习目标：

➤ 了解嵌入式 Linux 多媒体工作机制；

➤ 掌握嵌入式 Linux 下图像显示方法；

➤ 掌握嵌入式 Linux 下音频播放方法；

➤ 掌握嵌入式 Linux 下视频播放方法。

　　多媒体技术是计算机应用的重要方面，在嵌入式 Linux 应用系统中添加图像、动画、音频和视频元素，可以美化系统界面，提升系统表现力。通过本项目的实施，将了解嵌入式 Linux 下图形/图像、音频/视频的控制机制，掌握嵌入式 Linux 多媒体应用程序的开发方法。

7.1　知识背景

7.1.1　Qt 的画图机制

　　Qt 的画图机制为嵌入式 Linux 屏幕显示和打印提供了统一的 API 接口，主要由 3 部分组成：QPainter 类、QPaintDevice 类和 QPainterEngine 类。QPainter 类提供了画图操作的各种接口，QPaintDevice 类提供可用于画图的空间，它是一个抽象类，而 QPainterEngine 类则为 QPainter 类和 QPaintDevice 类提供内部使用的抽象接口定义，三者关系如图 7-1 所示。

图 7-1　Qt 图像接口类

　　QPainter 类提供了丰富的操作接口，可以很方便地绘制各种各样的图形，从简单的直线、方形、圆形到文字和图片，与 QPainterPath 类配合，甚至可以绘制出任意复杂的图形。

QPaintDevice 类是画图容器,即所有可用 QPainter 类进行绘制类的基类。目前,Qt 提供的具有此属性的类有:QWidget、QImage、QPixmap、QPicture、QGlWidget、QPrinter 和 QGLPixBuffer,其中 QWidget 和 QPixmap 是最常用的画图基类,如图 7 - 2 所示。

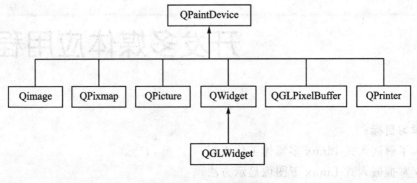

图 7 - 2　Qt 画图类

7.1.2　图像框架结构

为了方便嵌入式 Linux 应用系统中图形/图像的显示和控制,Qt 提供了 QGraphicsView 框架结构。该框架结构包含 QGraphicsScene、QGraphicsView 和 QGraphicsItem3 个主要类,其中,QGraphicsScene 场景类是一个用于管理 QGraphicsItem 图元的容器,而 QGraphicsView 视图类则用于显示场景中的图元。

1. QGraphicsScene 场景类

QGraphicsScene 场景类是一个用于放置图元的容器,本身是不可见的,必须通过与之相连的 QGraphiceView 视图类来显示及与外界进行交互操作。QGraphicsScene 主要完成的工作包括提供对它所包含的图元的操作接口,管理各个图元的状态,提供图元之间的事件传播等。

QGraphicsScene 场景类包含的主要函数有:

QGraphicsScene∷AddItem():加入一个图元到场景中。

QGraphicsScene∷SetSelectionArea():选择指定区域中的图元。

QGraphicsScene∷selectedItems():获得当前选择的图元列表。

QGraphicsScene∷setFocus():设置图元焦点。

QGraphicsScene∷focusItem():获得当前具有焦点的图元。

2. QGraphicsView 类

QGraphicsView 类提供一个可视的窗口,用于显示场景中的图元。在同一个场景中可以有多个视图窗口,也可以为相同的数据集提供几种不同的视图。

QGraphicsView 是可滚动的窗口部件,可以提供滚动条来浏览大的场景,如果需要使用 OpenGL,可以使用 QGraphicsView::setViewport()将视图设置为 QGL-Widget。

QGraphicsView 视图支持交互操作,它可以接收键盘和鼠标的输入事件,并把它翻译为场景事件(将坐标转换为场景坐标)。使用变换矩阵函数 QGraphice View::matrix()可以变换场景的坐标,实现场景缩放和旋转。QGraphice View 提供以下函数进行场景坐标变换:

QGraphice View::mapToScene():将视图坐标转换为场景坐标。

QGraphice View::mapFromScene():将场景坐标转换为视图坐标。

3. QGraphicsItem 类

QGraphicsItem 类是场景中各个图元的基础类,在它的基础上,可以继承出各种图元类,Qt 已经预置的有 QGraphiceLineItem(直线)、QGraphiceEllipseItem(椭圆)、QGraphiceRectlItem(矩形)、QGraphiceTextItem(文本)等,当然,也可以在 QGraphicsItem 的基础上通过继承实现自定义的项目类。

图元具有交互操作功能,可处理鼠标按下、移动、释放、双击、悬停、滚轮和右键菜单事件,也可处理键盘输入和图元拖放事件。

此外,图元有自己的坐标系统,可提供场景和图元。图元中还可以包含子图元。

7.1.3　音、视频播放机理

Qt 中至今没有理想的音、视频播放控制类,目前通常使用第三方类或其他开源软件。MPlayer 是一款开源的多媒体播放器,可播放音频和视频,支持大量多媒体文件格式,如音频文件 mp3/wav/mid,视频文件 avi/vcd/dvd/rm 等,各种视频编/解码方式也是应有尽有。同时,为了方便使用者能够更好地利用 MPlayer 进行二次开发,系统还提供了若干参数,用于设置和控制音、视频播放方式。

1. 播放位置控制

MPlayer 不支持将视频显示在 Qt4 的窗口上,而是直接显示在 Frame Buffer 上,但开发者可以结合 Qt 的多 Frame Buffer 特性,将视频定位到 Qt4 某个窗口的指定区域上面。

Qt 编程中常用 Frame Buffer 分配如下:

/dev/fb0:通常被 Qt4 占用。

/dev/fb1:MPlayer 播放视频通常在此 Frame Buffe 中。

/dev/fb2:此 Frame Buffer 常用于显示视频 LOGO 图标。

/dev/fb3:此 Frame Buffer 常用于显示视频字幕。

2. 播放视图控制

MPlayer 提供以下 5 个参数,用于控制播放视图的方式:

(1) - videoframe fullscreen：keepratio

全频幕显示视频，但保持视频原有的长宽比例。

(2) - videoframe fullscreen：stretch

全频幕显示视频，但不保持视频比例，视频将被拉伸，并填充到整个视图。

(3) - videoframe zoom：<percent>

按指定的百分比缩放视频。

(4) - screen<x，y，w，h>

限制视频显示在屏幕上的位置。如果不指定该参数，默认视频显示将占据整个屏幕。

(5) - framebuffer - index<index>

将视频输出到某一个 framebuffer 上，屏幕上最终显示的视图是 4 个 framebuffer 图像的叠加。

3. 编程控制机制

MPlayer 对于 Qt 而言属于外部程序。Qt 在程序中调用外部程序的方法通常采用 QProcess 类来实现。

```
QProcess * process = new QProcess;
process ->start("MPlayer multifile");
```

QProcess 类通常是被用来启动外部程序，并与它们进行通信。QProcess 把外部进程看成一个有序的 I/O 设备，因此可通过 write()函数实现对进程标准输入的写操作，通过 read()、readline()和 getChar()函数实现对标准输出的读操作。

Qt 可以通过 QProcess 类实现前端程序对外部应用程序的调用，这个过程的实现首先是将前端运行的程序看成是 Qt 的主进程，然后再通过创建主进程的子进程来调用外部的应用程序。这样 QProcess 的通信机制就抽象为父子进程之间的通信机制。QProcess 在实现父子进程的通信过程中是运用 Linux 系统的无名管道来实现的。

由于 QProcess 类实现了对底层通信方式较为完善的封装，因此利用 QProcess 类将更为方便地实现对外部应用程序的调用。以 Mplayer 为外部程序，用 QProcess 进行调用的典型程序如下：

```
const QString mplayerPath("/home/plg/multimedia/mplayer");
const QString multiFile("/home/plg/multimedia/sound.mp3");
QProcess  * process = new QProcess();
QStringList args;
args<<" - slave";
args<<" - quit";
args<<" - wid";
args<<"multiFile";
```

```
process -> set ProcessChannelMode(QProcess::MergeldChannels);
process -> start(mplayerPath,args);
```

7.2　项目需求

多媒体包含图形、图像、声音、动画、影像等,在嵌入式应用系统设计中常用来作为信息输出的有效形式,直观展示信息内容,增强信息输出的感染力。因此,通过本项目的实施,需要嵌入式 Linux 系统提供以下功能:

1. 设计一个综合多媒体展示窗口,方便使用者浏览多媒体素材,参考界面如图 7 - 3所示。

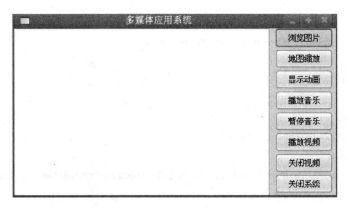

图 7 - 3　多媒体应用系统参考界面

2. 提供浏览图片的功能。
3. 提供动画展示功能,实现一只上、下飞舞的蝴蝶。
4. 提供播放 MP3 音乐的功能。
5. 提供播放 avi 视频的功能。

7.3　项目设计

7.3.1　界面设计

QCreator 集成开发环境为应用程序开发提供了灵活、强大的布局管理方法,包括基本布局类 QLayout,既可通过可视化方法设计程序界面,也可通过布局管理类手动编写代码而设计。本系统需求界面简洁,控件较少,易于可视化设计。

7.3.2　图片浏览

在 Qt 窗口中要显示一幅图像,比较方便的方法是借助于图像框架结构,即通过视图类 QGraphicsView 实现：

```
QGraphicsView * graphiceView = new QGraphicsView;
graphiceView->setScene(scene);
graphiceView->show();
```

其中，场景 scene 只是一个用于放置图元的容器，它本身是不可见的，必须把要显示的图像作为图元加入其中：

```
QGraphicsScene * scene = new QGraphicsScene;
scene->addItem(pic);
```

一幅图像不能直接作为图元，需要通过自定义图元类产生，自定义图元类的实现方法如下所示：

```
class Pic : public QObject,public QGraphicsItem
{
    Q_OBJECT
  public:
    Pic();
    QRectF boundingRect() const;
  protected:
    void paint(QPainter * painter, const QStyleOptionGraphicsItem * option,
               QWidget * widget);
  private:
    QPixmap pix_pic;
};
Pic::Pic()
{
    pix_pic.load("t1.jpg");
}
QRectF Pic::boundingRect() const
{
    qreal adjust = 2;
    return QRectF(- pix_pic.width()/2 - adjust, - pix_pic.height()/2 - adjust,
                  pix_pic.width() + adjust * 2,pix_pic.height() + adjust * 2);
}
void Pic::paint(QPainter * painter, const QStyleOptionGraphicsItem * option, QWidget
* widget)
{
    painter->drawPixmap(boundingRect().topLeft(),pix_pic);
}
```

7.3.3　动画播放

实现蝴蝶飞舞动画的设计思路是将蝴蝶飞舞状态分解为两幅图像,利用定时器功能,在定时器的 timeEvent()事件中,对 QGraphicsItem 进行重画来完成,具体设计如下:

① 首先定义一个 Butterfly 类显示蝴蝶。在这个类中,需要定义类的构造函数 Butterfly(),限定蝴蝶飞舞范围的函数,处理定时移动的函数,在新的位置重画蝴蝶的函数等。

```
class Butterfly : public QObject,public QGraphicsItem
{
    Q_OBJECT
  public:
    //定义构造函数
    Butterfly();
    //定义限定区域范围函数
    QRectF boundingRect() const;
    //定义定时事件处理函数
    void timerEvent(QTimerEvent * );
  protected:
    //定义重画图像函数
    void paint(QPainter * painter, const QStyleOptionGraphicsItem * option,
      QWidget * widget);
  private:
    bool up;
    QPixmap pix_up;
    QPixmap pix_down;
    qreal angle;
};
```

② 编写 Butterfly 类的构造函数。在这一函数中,需要把表示蝴蝶飞舞状态的两幅图像保存到变量中,并启动定时器。

```
Butterfly::Butterfly()
{
    pix_up.load("up.png");
    pix_down.load("down.png");
    up = true;
    startTimer(100);
}
```

③ 编写限定区域范围函数 boundingRect()。为了确保蝴蝶在指定范围内飞舞,

171

需要编写该函数。

```
QRectF Butterfly::boundingRect() const
{
    qreal adjust = 2;
    return QRectF( - pix_up.width()/2 - adjust, - pix_up.height()/2 - adjust,
                pix_up.width() + adjust * 2,pix_up.height() + adjust * 2);
}
```

④ 编写定时事件处理函数。在每次定时时间到时,需要对蝴蝶飞舞的位置进行
判断,以确定重画的坐标。

```
void Butterfly::timerEvent(QTimerEvent * )
{
    qreal edgex = scene() ->sceneRect().right() + boundingRect().width()/2;
    qreal edgetop = scene() ->sceneRect().top() + boundingRect().height()/2;
    qreal edgebottom = scene() ->sceneRect().bottom() + boundingRect().height()/2;
    if(pos().x()> = edgex)
        setPos(scene() ->sceneRect().left(),pos().y());
    if(pos().y()< = edgetop)
        setPos(pos().x(),scene() ->sceneRect().bottom());
    if(pos().y()> = edgebottom)
        setPos(pos().x(),scene() ->sceneRect().top());
    angle + = (qrand() % 10)/20.0;
    qreal dx = fabs(sin(angle * PI) * 10.0);
    qreal dy = (qrand() % 20) - 10.0;
    setPos(mapToParent(dx,dy));
}
```

⑤ 编写重画蝴蝶函数。利用两幅静态图像显示动画效果,就是使图像在一定时
间间隔内在新的位置重画,在旧的位置擦除。

```
void Butterfly::paint(QPainter * painter, const QStyleOptionGraphicsItem * option,
QWidget * widget)
{
    if(up)
    {
        painter ->drawPixmap(boundingRect().topLeft(),pix_up);
        up =! up;
    }
    else
    {
        painter ->drawPixmap(boundingRect().topLeft(),pix_down);
        up =! up;
```

```
    }
}
```

⑥ 启动动画时,把蝴蝶类应用到一个场景中,并关联到一个视图,从而显示出飞舞的蝴蝶动画。

```
void MainWidget::on_pushButton_clicked()
{
    QGraphicsScene * scene = new QGraphicsScene;
    scene->setSceneRect(QRectF(-200,-200,480,240));
    Butterfly * butterfly = new Butterfly;
    butterfly->setPos(0,-100);
    scene->addItem(butterfly);
    QGraphicsView * view = new QGraphicsView;
    view->setScene(scene);
    view->resize(380,240);
    view->show();
}
```

7.3.4　音、视频播放

在 Qt 环境中播放音、视频的有效方法是借助第三方工具 mplayer。为了保证在播放音、视频过程中不影响其他嵌入式程序的运行控制,通常利用 QProcess 进程类将播放工作置放在一个线程中,典型控制代码如下:

```
QProcess * mplayerProcess = new QProcess(this);
QString exefile = "mplayer.exe";
QStringList arg;
// arg << "-slave";
// arg << "-quiet";
// arg << "-idle";如果想不播放歌曲的时候就退出 mplayer,那么这个参数不要加
arg << "D:/Labroot/Lab07/1.mp3";
mplayerProcess->start(exefile,arg);
```

在命令中添加 -slave 和 -quiet 参数就可以通过命令设置 mplayer 实现相应的功能,典型命令格式为:

```
Process->start("mplayer -slave -quiet -ac -mad xxxxx");
```

(1) 暂停功能
通过如下代码可以设置 mplayer 暂停。

```
process->write("pause\n");
```

执行这段代码的时候如果是播放状态就会暂停,暂停状态时就会继续播放。

(2) 获取播放文件的总时间和当前播放进度

执行下面代码时，mplayer 将时间在标准输出设备显示。

```
process->write("get_time_pos\n");
process->write("get_time_length\n");
```

通过如下代码可读出播放信息：

```
connect(process,SIGNAL(readyReadStandardOutput()),
this,SLOT(back_message_slots()));
```

当 process 有可读取的信息时，发出信号，在槽函数 back_message_slots()中读取信息。

174

```
void MPlayer::back_message_slots()
{
    while(process->canReadLine())
    {
        QString message(process->readLine());
    }
}
```

(3) 快进功能

```
seek <value> [type]
```

其中，type 确定快进方式，取值如下：

0：相对当前播放位置进或退 value 设定的值（默认单位为秒）。

1：快进到<value> % 处。

2：快进到一个绝对<value> 处。

如下代码可实现快进功能：

```
process->write("seek +1\n");
```

(4) 音量调节

```
volume <value> [abs]
```

下面代码可实现音量增减功能：

```
process->write("volume -1\n");     //减小音量
process->write("volume +1\n");     //增大音量
```

(5) 静音功能

```
mute [value]
```

value 取值：1 == on,0 == off。

如下代码可实现静音功能：

```
process ->write("mute 0\n");      //开启静音
process ->write("mute 1\n");      //关闭静音
```

(6) 定位视频窗口

通过上面的代码可实现基本功能,但播放视频将出现在弹出窗口中,并不会与播放按钮同窗口。为解决这一问题,利用以下程序可进行窗口定位:

```
QString common = "mplayer - slave - quiet - ac mad - zoom movie/" + file_name
                 + " - wid " + QString::number(widget ->winId());
process ->start(common);
```

其中,"" - wid " + QString::number(widget ->winId());"部分实现窗口的定位,Widget 是一个 QWidget 对象,通过 winId 可以获得一个数字, - wid 表示将视频输出定位到 Widget 窗体部件中。

7.4 项目实施

任务一:建立项目文件

1. 建立项目文件夹

进入 PC VMware Linux,在超级终端窗口中输入以下命令,建立项目文件夹。

```
# cd /home/plg
# mkdir Lab07
```

2. 建立项目文件

进入 PC VMWare Linux,打开 QCreator 集成开发环境,单击"新建项目"按钮,在/home/plg/Lab07/MultiMedia 文件夹中建立项目文件,并设置项目参数。

随着系统项目文件的建立,在项目文件夹下自动产生 4 个主要文件:

multimedia. pro:项目文件,管理项目设置参数。

mainwidget. h:主窗体类文件,定义系统界面主类。

mainwidget. cpp:系统主类构造函数,实现功能事务处理。

main. cpp:系统主函数源文件。

mainwidget. ui:系统界面文件。

任务二:设计系统用户界面

按项目需求,通过可视化方法设计系统用户界面,控件的选择和属性设置如表 7 - 1所列。

表 7 - 1　系统界面主要对象设置

对　象	类	基本设置
MainWidget	QWidget	geometry:宽度:480　高度:240
graphicsView	QGraphicsView	geometry:宽度:380　高度:240
pushButton_1	QPushButton	text="浏览图片"
pushButton_2	QPushButton	text="地图缩放"
pushButton_3	QPushButton	text="播放动画"
pushButton_4	QPushButton	text="播放音乐"
pushButton_5	QPushButton	text="关闭音乐"
pushButton_6	QPushButton	text="播放视频"
pushButton_7	QPushButton	text="关闭视频"
pushButton_8	QPushButton	text="关闭系统"

任务三：编写头文件

在工程 MultiMedia. pro 中打开头文件 mainwidget. h,修改并完成以下程序:

```
# ifndef MAINWIDGET_H
# define MAINWIDGET_H
# include <QWidget>
# include <QPixmap>
# include <QMouseEvent>
# include <QProcess>
# include <QLabel>
# include <QGraphicsItem>
# include <QGraphicsScene>
# include <QGraphicsView>
namespace Ui {
  class MainWidget;
}
class MainWidget : public QWidget
{
    Q_OBJECT
public:
    explicit MainWidget(QWidget * parent = 0);
    ~MainWidget();
private slots:
    void on_pushButton_1_clicked();
    void on_pushButton_2_clicked();
    void on_pushButton_3_clicked();
```

```cpp
    void on_pushButton_4_clicked();
    void on_pushButton_5_clicked();
    void on_pushButton_6_clicked();
    void on_pushButton_7_clicked();
    void on_pushButton_8_clicked();
  protected:

  private:
    Ui::MainWidget *ui;
    QProcess *m_mplayerProcess;
};
```

//定义一个图元类，用于图像浏览

```cpp
class Pic  : public QObject,public QGraphicsItem
{
    Q_OBJECT
  public:
    Pic();
  protected:
    void paint(QPainter *painter,
             const QStyleOptionGraphicsItem *option, QWidget *widget);
  private:
    QPixmap pix_Pic;
};
```

//定义一个图元类，用于动画制作

```cpp
class Butterfly : public QObject,public QGraphicsItem
{
    Q_OBJECT
  public:
    Butterfly();
    void timerEvent(QTimerEvent *);
    QRectF boundingRect() const;
  protected:
    void paint(QPainter *painter,
const QStyleOptionGraphicsItem *option, QWidget *widget);
private:
    bool up;
    QPixmap pix_up;
    QPixmap pix_down;
    qreal angle;
};
```

//定义一个视图类，用于地图显示

```
class MapWidget:public QGraphicsView
{
    Q_OBJECT
public:
    MapWidget();
    void readMap();
    QPointF mapToMap(QPointF);
public slots:
    void slotZoom(int);
protected:
    void drawBackground(QPainter * painter, const QRectF &rect);
    void mouseMoveEvent(QMouseEvent * event);
private:
    QPixmap map;
    qreal zoom;
    QLabel * viewCoord;
    QLabel * sceneCoord;
    QLabel * mapCoord;
    double x1,y1;
    double x2,y2;
};
#endif // MAINWIDGET_H
```

任务四：编写系统源文件

在工程 MultiMedia. pro 中打开系统源文件 mainwidget. cpp，修改并完成如下程序：

```
# include "mainwidget.h"
# include "ui_mainwidget.h"
# include <math.h>
# include <QPainter>
# include <QWSServer>
# include <QGraphicsScene>
# include <QGraphicsView>
# include <QSlider>
# include <QGridLayout>
# include <QFile>
# include <QTextStream>
# include <QSound>
const static double PI = 3.1416;

MainWidget::MainWidget(QWidget * parent) :  QWidget(parent),
            ui(new Ui::MainWidget)
```

```
{
    ui -> setupUi(this);
    m_mplayerProcess = new QProcess(this);
}
MainWidget::~MainWidget()
{
    delete ui;
}
Pic::Pic()
{
    pix_pic.load("t1.jpg");
}
//实现图像位置限定
QRectF Pic::boundingRect() const
{
    qreal adjust = 2;
    return QRectF( - pix_pic.width()/2 - adjust, - pix_pic.height()/2 - adjust,
                  pix_pic.width() + adjust * 2,pix_pic.height() + adjust * 2);
}
//实现图像显示
void Pic::paint(QPainter * painter,
               const QStyleOptionGraphicsItem * option, QWidget * widget)
{
    painter -> drawPixmap(boundingRect().topLeft(),pix_pic);
}


Butterfly::Butterfly()
{
    up = true;
    pix_up.load("up.png");
    pix_down.load("down.png");
    startTime(100);
}
//实现动画位置限定
QRectF Butterfly::boundingRect() const
{
    qreal adjust = 2;
    return QRectF( - pix_up.width()/2 - adjust, - pix_up.height()/2 - adjust,
                  pix_up.width() + adjust * 2,pix_up.height() + adjust * 2);
}
    //实现动画图像重画事务
    void Butterfly::paint(QPainter * painter,
```

```
                              const QStyleOptionGraphicsItem * option, QWidget * widget)
{
    if(up)
    {
        painter ->drawPixmap(boundingRect().topLeft(),pix_up);
        up = ! up;
    }
    else
    {
        painter ->drawPixmap(boundingRect().topLeft(),pix_down);
        up = ! up;
    }
}
//实现动画定时处理事务
void Butterfly::timerEvent(QTimerEvent * )
{
    //边界控制
    qreal edgex = scene() ->sceneRect().right() + boundingRect().width()/2;
    qreal edgetop = scene() ->sceneRect().top() + boundingRect().height()/2;
    qreal edgebottom = scene() ->sceneRect().bottom() + boundingRect().height()/2;
    if(pos().x()> = edgex)
        setPos(scene() ->sceneRect().left(),pos().y());
    if(pos().y()< = edgetop)
        setPos(pos().x(),scene() ->sceneRect().bottom());
    if(pos().y()> = edgebottom)
        setPos(pos().x(),scene() ->sceneRect().top());
    angle + = (qrand() % 10)/20.0;
    qreal dx = fabs(sin(angle * PI) * 10.0);
    qreal dy = (qrand() % 20) - 10.0;
    setPos(mapToParent(dx,dy));
}
//地图缩放处理
MapWidget::MapWidget()
{
    readMap(); //读取地图信息
    zoom = 50;
    int width = map.width();
    int height = map.height();
    QGraphicsScene * scene = new QGraphicsScene(this);
    scene ->setSceneRect( - width/2, - height/2,width,height);
    setScene(scene);
    setCacheMode(CacheBackground);
```

```
//用于地图缩放的滑动条
QSlider * slider = new QSlider;
slider->setOrientation(Qt::Vertical);
slider->setRange(1,100);
slider->setTickInterval(10);
slider->setValue(50);
connect(slider,SIGNAL(valueChanged(int)),this,SLOT(slotZoom(int)));
QLabel * zoominLabel = new QLabel;
zoominLabel->setScaledContents(true);
zoominLabel->setPixmap(QPixmap("zoomin.png"));
QLabel * zoomoutLabel = new QLabel;
zoomoutLabel->setScaledContents(true);
zoomoutLabel->setPixmap(QPixmap("zoomout.png"));
//坐标值显示区
QLabel * label1 = new QLabel(tr("GraphicsView:"));
viewCoord = new QLabel;
QLabel * label2 = new QLabel(tr("GraphicsScene:"));
sceneCoord = new QLabel;
QLabel * label3 = new QLabel(tr("map:"));
mapCoord = new QLabel;
//坐标显示区布局
QGridLayout * gridLayout = new QGridLayout;
gridLayout->addWidget(label1,0,0);
gridLayout->addWidget(viewCoord,0,1);
gridLayout->addWidget(label2,1,0);
gridLayout->addWidget(sceneCoord,1,1);
gridLayout->addWidget(label3,2,0);
gridLayout->addWidget(mapCoord,2,1);
gridLayout->setSizeConstraint(QLayout::SetFixedSize);
QFrame * coordFrame = new QFrame;
coordFrame->setLayout(gridLayout);
//缩放控制子布局
QVBoxLayout * zoomLayout = new QVBoxLayout;
zoomLayout->addWidget(zoominLabel);
zoomLayout->addWidget(slider);
zoomLayout->addWidget(zoomoutLabel);
//坐标显示区域布局
QVBoxLayout * coordLayout = new QVBoxLayout;
coordLayout->addWidget(coordFrame);
coordLayout->addStretch();
//主布局
QHBoxLayout * mainLayout = new QHBoxLayout;
```

```
        mainLayout -> addLayout(zoomLayout);
        mainLayout -> addLayout(coordLayout);
        mainLayout -> addStretch();
        mainLayout -> setMargin(30);
        mainLayout -> setSpacing(10);
        setLayout(mainLayout);
        setWindowTitle("Map Widget");
        setMinimumSize(380,240);
}
//读取地图信息
void MapWidget::readMap()
{
        QString mapName;
        QFile mapFile("maps.txt");
        int ok = mapFile.open(QIODevice::ReadOnly);
        if(ok)
        {
                QTextStream ts(&mapFile);
                if(!ts.atEnd())
                {
                        ts>>mapName;
                        ts>>x1>>y1>>x2>>y2;
                }
        }
        map.load(mapName);
}
//地图缩放
void MapWidget::slotZoom(int value)
{
        qreal s;
        if(value>zoom)
        {
                s = pow(1.01,(value - zoom));
        }
        else
        {
                s = pow(1/1.01,(zoom - value));
        }
        scale(s,s);
        zoom = value;
}
//显示地图
```

```cpp
void MapWidget::drawBackground(QPainter * painter, const QRectF &rect)
{
    painter -> drawPixmap(int(sceneRect().left()), int(sceneRect().top()), map);
}
//鼠标移动事件处理
void MapWidget::mouseMoveEvent(QMouseEvent * event)
{
    //QGraphicsView 坐标
    QPoint viewPoint = event -> pos();
    viewCoord -> setText(QString::number(viewPoint.x()) + "," +
                         QString::number(viewPoint.y()));
    //QGraphicsScene 坐标
    QPointF scenePoint = mapToScene(viewPoint);
    sceneCoord -> setText(QString::number(scenePoint.x()) + "," +
                          QString::number(scenePoint.y()));
    //地图坐标(经、纬度)
    QPointF latLon = mapToMap(scenePoint);
    mapCoord -> setText(QString::number(latLon.x()) + "," +
                        QString::number(latLon.y()));
}
//地图坐标变换
QPointF MapWidget::mapToMap(QPointF p)
{
    QPointF latLon;
    qreal w = sceneRect().width();
    qreal h = sceneRect().height();
    qreal lon = y1 - ((h/2 + p.y()) * abs(y1 - y2)/h);
    qreal lat = x1 + ((w/2 + p.x()) * abs(x1 - x2)/w);
    latLon.setX(lat);
    latLon.setY(lon);
    return latLon;
}
//启动图像浏览
void MainWidget::on_pushButton_1_clicked()
{
    QGraphicsScene * scene = new QGraphicsScene;
    Pic * pic = new Pic;
    pic -> setPos(0, - 100);
    scene -> addItem(pic);
    ui -> graphicsView -> setScene(scene);
    ui -> graphicsView -> show();
}
```

```
//启动地图缩放
void MainWidget::on_pushButton_2_clicked()
{
    MapWidget * map = new MapWidget;
    map->show();
}
//启动动画播放
void MainWidget::on_pushButton_3_clicked()
{
    QGraphicsScene * scene = new QGraphicsScene;
    scene->setSceneRect(QRectf( - 200. - 200,480,240));
    Butterfly * butterfly = new Butterfly;
    butterfly->setPos(0, - 100);
    scene->addItem(butterfly);
    QGraphicsView * view = new QGraphicsView;
    view->setScene(scene);
    view->resize(380,240);
    view->show();
}
//启动音乐播放
void MainWidget::on_pushButton_4_clicked()
{
    m_mplayerProcess->start("mplayer sound1.mp3");
}
//关闭音乐
void MainWidget::on_pushButton_5_clicked()
{
    m_mplayerProcess->close();
}
//启动视频播放
void MainWidget::on_pushButton_6_clicked()
{
    m_mplayerProcess->start("mplayer   - screenrect 50,50,300,150   clock.avi ");
}
//关闭视频
void MainWidget::on_pushButton_7_clicked()
{
    m_mplayerProcess->close();
}
//处理关闭系统事件
void MainWidget::on_pushButton_8_clicked()
{
```

```
        close();
    }
```

任务五：修改系统主函数文件

在工程 MultiMedia. pro 中打开系统主函数文件 main. cpp，修改并完成如下程序：

```
# include <QtGui/QApplication>
# include "widget.h"
# include <QTextCodec>

int main(int argc, char * argv[])
{
    QApplication a(argc, argv);
    QTextCodec * code = QTextCodec::codecForName("UTF-8");
    QTextCodec::setCodecForLocale(code);
    QTextCodec::setCodecForCStrings(code);
    QTextCodec::setCodecForTr(code);
    a.setFont(QFont("wenquanyi",9));
    Widget w;
    w.show();
    return a.exec();
}
```

任务六：编译、下载与调试

1. 在 PC 中编译调试

当所有程序代码都编写完成以后，先选择"文件"→"保存所有文件"菜单项，将项目中的文件进行保存，然后单击左侧工具栏的"项目"图标，选择"Desktop Q4.7 for GCC 发布"编译方式，完成项目 PC Linux 版本的编译与运行，检查系统源文件的语法错误，显示系统图形用户界面，初步测试系统响应。

2. 编译 ARM 版目标文件

在完成 PC 桌面初步测试的基础上，单击左侧工具栏的"项目"图标，选择"Embedded Qt4.7 调试"方式，设置"/home/plg/Lab07/MultiMedia - ARM"构建目录，最后单击"构置所有项目"按钮，完成目标程序的编译。

3. 从宿主机下载

打开 PC Windows 超级终端，启动目标机进入 Linux 状态，等待目标程序的下载。

进入 PC VMWare Linux 超级终端，通过 FTP 登录并下载，此处既要下载应用程序 MultiMedia，也要下载多媒体素材图像、音频和视频文件，下载步骤如下：

185

```
#cd /home/plg/Lab07/MultiMedia - ARM
#ftp 192.168.1.230
Name(192.168.1.230:root):plg
Password:plg
ftp>pub MultiMedia
ftp>pub up.png
ftp>pub down.png
ftp>pub sound.mp3
ftp>pub clock.avi
```

4．在目标机中修改目标程序可执行权限

进入目标机/home/plg/Lab07 目录，修改从 PC Linux 下载的 MultiMedia 文件权限，添加可执行权限：

```
#cd /home/plg/Lab07
#chmod + x MultiMedia
```

5．在目标机运行

(1) 启动目标程序

首先从 PC Windows 超级终端进入目标机的/bin 目录，执行环境设置命令：

```
#cd /bin
#. setqt4env
```

再进入/home/plg/Lab07 目录，运行多媒体程序：

```
#/cd /home/plg/Lab07
#./MultiMedia - qws
```

命令执行后，若目标程序正确无误，则将在目标机上显示项目需求的界面，如图 7－1 所示。

(2) 测试多媒体播放功能

分别单击"图片浏览"、"动画显示"、"播放音乐"和"播放视频"按钮，测试显示结果。

7.5　项目小结

1．多媒体包含图形、图像、动画、音频和视频等，是嵌入式 Linux 系统中用于信息显示的常用元素。

2．Qt 中采用 GraphicsView 框架结构显示图像。该框架结构包含 QGraphicsScene、QGraphicsView 和 QGraphicsItem 这 3 个主要类，其中，QGraphicsScene 场景类是一个用于管理 QGraphicsItem 图元的容器，而 QGraphicsView 视图类则用于显

示场景中的图元。

3. Qt 中制作动画的常用方法是,通过图像的画→擦→在新位置画,从而形成动画效果。因此,把 GraphicsView 框架结构和定时器类 QTimer 相结合,辅助一定的算法,就可以方便地制作各种动画。

4. 第三方工具 mplayer 提供了强大的音、视频播放功能,将 mplayer 与 QProcess 类组合编程,可以方便地实现嵌入式 Linux 应用系统中的音、视频播放的用户需求。

7.6　工程实训

实训目的

1. 理解 Qt 中 GraphicsView 框架结构的特点和性能。
2. 理解第三方工具 mplayer 的功能和使用方法。
3. 掌握 Qt 下图像显示的编程方法。
4. 掌握 Qt 下音、视频播放的编程方法。

实训环境

1. 硬件:PC 机一台,开发板一块,串口线一根,双绞线一根。
2. 软件:Windows XP 操作系统,虚拟机 VMWare,Linux 操作系统,Qt4.7 集成环境。

实训内容

编写一个 Qt 下的多媒体播放器,可以实现图片浏览,音、视频播放,具体需求如下:
1. 设计一个多媒体播放器界面,可方便使用者交互操作。
2. 用弹出式窗口显示一幅图片。
3. 单击按钮播放一首 MP3 音乐。
4. 单击按钮播放一段视频。

实训步骤

1. 用串口线、双绞线将 PC 机与目标机相连。
2. 启动 PC Linux,进入 Qt 开发环境。
3. 进入 PC Linux,在/home/plg/Lab07 目录下建立 MultiMedia_Test 文件夹。
4. 启动 Qt Creator,在 MultiMedia_Test 文件夹下建立项目文件 MultiMediaTest。
5. 按实训要求设计程序界面。
6. 分别打开工程头文件、源文件和主函数文件,修改、完善功能实现编码。
7. 在 PC Linux 下编译、运行、测试,检查和修改编码错误。

8. 配置项目参数,交叉编译为 ARM 可执行程序 MultiMediaTest。

9. 打开 PC Windows 超级终端窗口,启动目标机 Linux 系统。

10. 通过 FTP 将 MultiMediaTest 和多媒体素材文件从 PC Linux 下载到目标机的/home/plg/Lab07 下。

11. 在目标机的/home/plg/Lab07 下,为 MultiMediaTest 文件添加可执行权限。

12. 在目标机上运行 MultiMediaTest,测试系统功能。

7.7 拓展提高

思 考

1. Qt 环境中怎样实现图像显示控制编程?

2. Qt 环境中怎样实现音、视频播放控制编程?

操 作

修改工程实训中多媒体播放器程序,实现以下功能:

1. 可选择图片文件在当前窗口中浏览。

2. 可选择音乐文件进行播放,能暂停、继续和停止。

3. 可选择视频文件进行播放,能暂停、继续和停止。

项目 **8**

开发数据库应用程序

学习目标：

➤ 了解嵌入式数据库的概念；

➤ 理解嵌入式数据库的体系结构；

➤ 掌握嵌入式数据库 SQLite 的使用方法；

➤ 掌握 Qt 下嵌入式数据库应用程序编写方法。

随着嵌入式系统的广泛应用及用户对数据处理和管理需求的不断提高，各种智能设备与数据库技术的紧密结合得到广泛关注。嵌入式数据库不仅具有传统数据库的主要功能，还具有嵌入式和支持移动技术两种特性，因此通常被用在掌上电脑、PDA、车载设备、移动电话等嵌入式设备中。嵌入式数据库技术的兴起使人们不再受单一操作系统的限制，可以方便地处理业务、传递信息。可以说，嵌入式数据库的发展提高了数据信息接入的普遍性，使人们随时随地获取信息的愿望成为可能。

通过本项目的实施，将了解嵌入式数据库的概念，理解嵌入式数据库的体系结构，掌握嵌入式数据库 SQLite 的使用方法，并能结合 Qt 技术开发嵌入式数据库图形界面应用程序。

8.1　知识背景

8.1.1　嵌入式数据库简介

嵌入式数据库将数据库系统与操作系统和具体应用集成在一起，运行在各种智能嵌入式设备上。与传统的数据库系统相比，它一般体积较小，有较强的便携性、易用性和较为完备的功能，可实现用户对数据的管理操作。但是，由于嵌入式系统的资源限制，它无法作为一个完整的数据库来提供大容量的数据管理，而且嵌入式设备可随处放置，受环境影响较大，数据可靠性较低。在实际应用中，为了弥补嵌入式数据库存储容量小、可靠性低的不足，通常在 PC 机上配置后台数据库来实现大容量数据的存储和管理。嵌入式数据库作为前端设备,需要一个 GUI 交互界面来实现嵌入式终端上的人机交互,并通过串口实现和 PC 机上主数据源之间的数据交换,完成系统服务器端数据的管理,接收嵌入式终端上传的数据和下载数据到嵌入式终端机等操作。

嵌入式数据库是嵌入式系统的重要组成部分,也成为对越来越多的个性化应用开发和管理而采用的一种必不可少的有效手段。因此,嵌入式数据库用途非常广泛,已用于消费电子产品、移动计算设备、企业实时管理、网络存储与管理以及各种专用设备,这一市场目前正处于高速增长之中。

8.1.2　SQLite 简介

嵌入式应用需求的多样性导致丰富多彩的嵌入式数据库产品的诞生,目前流行的嵌入式数据库主要有 Progress、SQLite、Empress、eXtremeDB、Berkeley DB、Firebird 和 OpenBASE Lite 等,SQLite 是 D·理查德·希普开发的用一个小型 C 库和一系列的用户接口及驱动实现的一种强有力的嵌入式关系数据库管理系统,具有如下主要特点:

① 面向嵌入式 SQL 数据库引擎,基于纯 C 语言代码,已经得到广泛应用。

② 无需 Server 服务器端进程,可直接读/写 Flash 上的数据库文件,也可将数据库置于内存之中。

③ 源代码开放,代码精简(整个系统少于 3 万行代码),有良好的注释。

④ 支持视图、触发器、事务机制和嵌套 SQL 功能。

⑤ 支持大部分 ANSI SQL92 标准。

⑥ 数据库以独立文件存放,最大支持 2 TB 数据容量,可应用于多种操作系统平台。

⑦ 占用内存少(低于 250 KB),运行速度快,无其他依赖。

⑧ 编程接口简单易用。

8.1.3　SQLite 的 Shell 命令

Linux 字符环境下,SQLite 通常以 sqlite3 可执行文件形式存放在/usr/bin/之中,为开发者提供一系列 shell 命令行工具。利用这些命令行工具,可以交互方式操作使用 SQLite 数据库。

1. 数据库的打开和关闭

(1) 新建/打开数据库

在任意目录下,如/home/plg/下,执行如下命令,可新建或打开一个数据库。

```
# sqlite3 test.db
sqlite>
```

该命令执行后,如果在当前目录下没有 test.db 数据库文件,就会创建该数据库文件,并进入 sqlite 命令状态;如果已经存在该文件,则打开该数据库文件,并进入 sqlite 命令状态。

(2) 关闭数据库

关闭数据库的常用方法,就是退出 sqlite 命令行状态,即执行以下命令:

```
sqlite>.quit
```

2. 使用 SQL 指令操作数据库

SQLite 数据库支持 SQL 语言。在"sqlite>"提示符下可以通过 SQL 语言操作数据库。SQL 指令均以";"号结尾,以"－－"开头为注释。

(1) 创建数据表

在 test. db 数据库中创建一个数据表 student,包含字段 ID(学号),name(姓名),sex(性别),year(年龄),mobile(手机),命令如下:

```
sqlite>create table student(ID varchar(8),name varchar(10),sex varchar(2),age small-
int,mobil varchar(11));
```

(2) 插入一条记录

```
sqlite>insert into student values('20120101','张三','男',21,'13013728572');
sqlite>insert into student values('20120102','李四','女',21,'13013738246');
```

(3) 修改一条记录

```
sqlite>update student set name = '王五'  where ID = '20120101');
```

(4) 删除一条记录

```
sqlite>delete student where ID = '20120101';
```

3. 使用 sqlite 指令

sqlite 提供了许多管理命令,可以辅助数据库的管理,其运行提示符为"sqlite>",命令前导符为".",常用命令如下:

(1) 查看管理命令

```
.help
```

(2) 列出数据库文件名

```
.database
```

(3) 列出数据库中的表名

```
.table
```

(4) 查看创建数据表的命令

.schema

（5）显示 SQLite 环境变量

.show

（6）执行指定文件中的 SQL 语句

.read FILENAME

（7）生成形成数据表的 SQL 脚本

.dump ? TABLE?

（8）退出命令行状态

.quit

8.1.4   Qt 下数据库编程

Qt 提供了 QtSql 模块用于实现数据库访问编程，同时提供了一套与平台和具体所用数据无关的调用接口。利用这些类和接口，可以方便地实现 Qt 数据库应用程序的编写。

1. Qt 中的数据库编程类

QtSql 模块提供的编程类主要包含 3 个层次：

（1）数据库驱动层

该层实现了特定数据库与 SQL 接口的底层桥接，提供的类主要有：

☐ QSqlDriver：链接指定 SQL 数据库的抽象基类。

☐ QSqlDriverCreator：生成指定 SQL 数据库驱动类型的模板类。

☐ QSqlDriverCreatorBase：生成 SQL 驱动类的基类。

☐ QSqlResult：操作指定数据库数据的抽象接口。

（2）数据库应用程序接口层

该层主要提供数据库的访问和连接功能，已含的主要类有：

☐ QSqlDatabase：数据库连接类。

☐ QSqlQuery：数据库交互操作类。

☐ QSqlError：出错处理接口类。

☐ QSqlField：字段处理接口类。

☐ QSqlIndex：索引处理接口类。

☐ QSqlRecord：查询记录接口类。

借助这一接口层，当需要连接一个数据库时，如同文件访问一样。与数据库的连接是否成功可以通过返回信息进行判断，只要建立了连接就可以使用 QSqlQuery 类来操作数据库。

(3) 用户接口层

该层提供了从数据库数据到用于数据表示的窗体映射的支持，包含的支持类主要有：

□ QSqlQueryModel：对 SQL 结果集进行只读操作。

□ QSqlTableModel：对一个单独数据表的可编辑模式。

□ QSqlRelationTableModel：对一个单独数据表的可编辑模式，支持外键。

这些类均以 Qt 的模型/视图结构设计，它们无需使用 SQL 语句就可以进行数据库操作，而且可以很容易地将结果作为数据源，与 QListView、QTableView 等基于视图模式的 Qt 类结合，以表格方式显示数据表的内容。

其中，QSqlQueryModel 是基于任意 SQL 语句的只读模型，QSqlTableModel 是基于单个表的读/写模型，QSqlRelationTableModel 是对 QSqlTableModel 类的扩展，提供了对外键的支持，而外键是一个数据表中的某个字段与另一个数据表中的主键间的一种映射。

2. 数据库编程方法

有效利用 Qt 提供的编程类，结合具体项目需求，即可方便、快捷地实现数据库的应用编程。虽然应用需求多种多样，但面向数据库的应用程序具有一定的范式。

(1) 添加数据库模块

在 Qt 中利用 QtSql 模块的类进行数据库编程，首先需要在项目文件中添加该模块，方法是打开. pro 项目文件，在其中添加一条语句：

```
QT + = sql
```

其次，需要在项目头文件中添加与数据库处理相关类的引用，方法是打开. h 的头文件，添加以下引用语句：

```
#include <QSqlQuery>
#include <QSqlDatabase>
```

(2) 连接数据库

如果要建立一个数据库的连接，首先要知道使用什么数据库，并为这个数据库的连接加载驱动。如果是 mysql 数据库，都会有用户名与密码，这也是必须设置的，被连接的数据库或许在本地或者在远程的某台计算机上，所以需要设置主机的名称来区别。

下面是连接数据库的范式：

```
QSqlDatabase db = QSqlDatabase::addDatabase("QMYSQL");
db.setHostName("HostName");
db.setDatabaseName("DatabaseName");
db.setUserName("UserName");
db.setPassword("Password");
```

```
bool ok = db.open();
```

在同一个应用程序中,也可以同时建立两个数据库的连接:

```
QSqlDatabase firstDB = QSqlDatabase::addDatabase("QMYSQL", "first");QSqlDatabase
secondDB = QSqlDatabase::addDatabase("QMYSQL", "second");
```

当使用 Qt 内置数据库 SQLite 时,可以跳过用户验证,直接连接数据库:

```
QSqlDatabase db = QSqlDatabase::addDatabase("QSQLITE");
bool ok = db.open();
```

在打开数据库的时候有可能会发生错误,编程中可以静态函数 QSqlDatabase::lastError() 来返回当前所发生的错误。与文件操作相类似,当打开了一个数据库的时候,需要在操作完毕后关闭数据库,常用方法是,先使用 QSqlDatabase::close(),之后调用 QSqlDatabase::removeDatabase()。

(3) 执行数据库语句

QSqlQuery 提供了执行数据库语句的方法,它可以返回所有的执行结果。当建立好数据库连接后可以使用 QSqlQuery::exec(),语句范式如下:

```
QSqlQuery query;
query.exec("SELECT name, salary FROM employee WHERE salary > 5000");
```

当 QSqlQuery 建立了一个构造之后,将会接受特定的 QSqlDatabase 对象连接来使用,正如上面的代码。

(4) 浏览查询结果

QSqlQuery 当执行 exec() 之后将会把指针指向第一个记录之上,所以需要调用 QSqlQuery::next() 来获取第一个数据下面的代码,通过一个循环体来获取所有表中的数据:

```
while (query.next())
{
    QString name = query.value(0).toString();
    int salary = query.value(1).toInt();
    qDebug() << name << salary;
}
```

QSqlQuery::value() 函数返回当前记录区域中的数据,作为默认的 QSqlValue::value() 返回值是一个 QVariant 类型。Qt 提供了几种可选类型的支持,它们是 C++ 的基本类型,比如 int QString 与 QByteArray。对于不同类型的转换使用 Qt 提供的函数来实现,例如 QVariant::toString 与 QVariant::toInt() 等。

显示查询结果的另一种简便方法是,利用 QSqlTableModel 类和 QTableView 类组合实现,简单程序范式如下:

```
model = new QSqlQueryModel;
model->setQuery("select * from tablename");
tableView->setModel(model);
```

8.2　项目需求

建立嵌入式 Linux 应用系统,基于 SQLite 数据库进行学生学籍管理,可以实现学籍数据的输入、修改、查询、统计,具体需求如下:

① 建立 Qt 下的学籍管理图形用户界面,如图 8-1 所示。

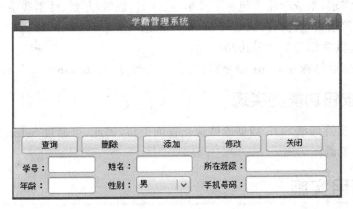

图 8-1　学籍管理系统界面

② 在目标机中,建立一个 SQLite 数据库,并在该库中创建学籍数据表,包含字段学号、姓名、班级、年龄、性别和手机号。

③ 单击"查询"按钮,显示学籍表中全部学生信息。

④ 单击"删除"按钮,从数据表中删除选中的记录。

⑤ 单击"添加"按钮,将把窗口下方文本框中输入的信息组成一条记录添加到学籍表中。

⑥ 单击"修改"按钮,将以窗口下方文本框中的数据更新选中的记录。

⑦ 单击视图中的记录行,将把该行数据按对应字段显示到窗口下方文本框中。

⑧ 单击"关闭"按钮,则关闭数据库,关闭学籍管理窗口。

8.3　项目设计

8.3.1　界面设计

QCreator 集成开发环境提供可视化用户界面设计方案,本项目界面简洁、规整,可通过可视化方法方便地加以实现,实现结果可保存到 mainwidget.ui 界面文件之中。

8.3.2　数据库的建立

Qt 内置 SQLite 数据库,并提供数据库交互式命令行管理命令,利用这一功能可建立学籍数据库和数据表结构。

(1) 建立数据库

以 xjk. db 为文件名,建立学籍数据库的命令如下:

```
# sqlite3 xjk.db
```

(2) 创建学籍表结构

按项目需求,系统学籍表包含字段学号、姓名、班级、年龄、性别和手机号,其中学号由 8 位字符组成,含义为:入学年份(4)＋班级(2)＋学号(2),如 2012 年入校的 2 班 4 号学生,其学籍号为:20120204。

创建数据表结构在 sqlite 命令行模式下,可通过 create table tablename 实现。

8.3.3　按钮功能的实现

SQLite 支持标准 SQL 数据库结构化查询语言,因此,可通过 Select、Insert、Update、Delete 等语言实现。

8.4　项目实施

任务一: 建立项目文件

1. 建立项目文件夹

进入 PC VMWare Linux,在超级终端中输入以下命令,建立项目文件夹。

```
# cd /home/plg
# mkdir Lab08
```

2. 建立项目文件

进入 PC VMware Linux,打开 QCreator 集成开发环境,单击"新建项目"按钮,在/home/plg/Lab08/DataBase 文件夹中建立项目文件,并设置项目参数。

随着系统项目文件的建立,在项目文件夹下自动产生以下主要文件:

☐ DataBase. pro:项目文件,管理项目设置参数。

☐ mainwidget. h:主窗体类文件,定义系统界面主类。

☐ mainwidget. cpp:系统主类构造函数及功能实现源文件。

☐ main. cpp:系统主函数源文件。

☐ mainwidget. ui:系统界面文件。

3. 添加 sql 模块

打开项目文件 DataBase.pro，添加数据库支持模块：

```
QT + = core gui
QT + = sql
TARGET = DataBase
TEMPLATE = app
SOURCES + = main.cpp\
        mainwidget.cpp
HEADERS   + = mainwidget.h
FORMS     + = mainwidget.ui
```

任务二：设计系统用户界面

按项目需求，通过可视化方法设计系统用户界面，控件的选择和属性设置如表 8-1所列。

表 8-1　系统界面主要对象设置

对　象	类	基本设置
tabWidget	QTabWidget	geometry:宽度:480 高度:240
tableView	QTableView	geometry:宽度:480 高度:140
label_1	QLabel	text="学号"
label_2	QLabel	text="姓名"
label_3	QLabel	text="所在班级"
label_4	QLabel	text="年龄"
label_5	QLabel	text="性别"
label_6	QLabel	text="手机号码"
txtStudentID	QLineEdit	text=""
txtName	QLineEdit	text=""
txtClass	QLineEdit	text=""
txtYear	QLineEdit	text=""
txtSex	QComboBox	currentIndex=0
txtMobile	QLineEdit	text=""
btnQuery	QPushButton	text="查询"
btnDelete	QPushButton	text="删除"
btnAdd	QPushButton	text="添加"
btnUpdate	QPushButton	text="修改"
btnClose	QPushButton	text="关闭"

任务三：编写头文件

在工程 DataBase. pro 中打开头文件 mainwidget. h，编写类定义及功能函数定义。

```
# ifndef MAINWIDGET_H
# define MAINWIDGET_H
# include <QWidget>
# include <QModelIndex>
# include <QMainWindow>

namespace Ui {
    class MainWidget;
}
class MainWidget : public QMainWindow
{
    Q_OBJECT
  public:
    explicit MainWidget(QWidget * parent = 0);
    ~MainWidget();
  private slots:
    void on_btnQuery_clicked();
    void on_btnDelete_clicked();
    void slot_refreshTable();
    void on_btnAdd_clicked();
    void on_tableView_clicked(const QModelIndex &index);
    void on_btnUpdate_clicked();
    void on_btnClose_clicked();
  private:
    Ui::MainWidget * ui;
  signals:
    void signal_refreshTable();
};
# endif // MainWIDGET_H
```

任务四：编写源文件

在工程 DataBase. pro 中打开系统源文件 mainwidget. cpp，编写功能实现程序。

```
# include "mainwidget. h"
# include "ui_mainwidget. h"
# include <QStandardItemModel>
# include <QtSql>
# include <QSqlQueryModel>
```

```cpp
#include <QMessageBox>
QSqlDatabase * db;
QSqlQueryModel * model;
QList<QString> listSex;
int selectID = 0;
void closeDB()
{
    QString dbName = db->connectionName();
    db->close();
    delete db;
    db = NULL;
    QSqlDatabase::removeDatabase(dbName);
}
MainWidget::MainWidget(QWidget * parent) : QMainWindow(parent),
    ui(new Ui::MainWidget)
{
    ui->setupUi(this);
    listSex.append("男");
    listSex.append("女");
    db = new QSqlDatabase(QSqlDatabase::addDatabase("QSQLITE"));
    db->setDatabaseName("xjk.db");
    if(!db->open())
    {
        qDebug()<<"数据库打开失败!";
        QMessageBox msgBox;
        msgBox.setText("数据库打开失败!");
        msgBox.exec();
        return;
    }
    connect(this,SIGNAL(signal_refreshTable()),
            this,SLOT(slot_refreshTable()));
}

MainWidget::~MainWidget()
{
    delete ui;
}
void MainWidget::slot_refreshTable()
{
    model->setQuery("select * from student");
    ui->tableView->setFocus();
}
```

```cpp
//实现查询事务处理
void MainWidget::on_btnQuery_clicked()
{
    model = new QSqlQueryModel;
    model->setQuery("select * from student");
    model->setHeaderData(0,Qt::Horizontal,tr("学号"));
    model->setHeaderData(1,Qt::Horizontal,tr("姓名"));
    model->setHeaderData(2,Qt::Horizontal,tr("性别"));
    model->setHeaderData(3,Qt::Horizontal,tr("年龄"));
    model->setHeaderData(4,Qt::Horizontal,tr("班级"));
    model->setHeaderData(5,Qt::Horizontal,tr("手机号码"));
    ui->tableView->setModel(model);
}
//实现删除事务处理
void MainWidget::on_btnDelete_clicked()
{
    int n = ui->tableView->currentIndex().row();
    int id = model->data(model->index(n,0)).toInt();
    model->setQuery(QString("delete from student where id = %1").arg(id));
    emit signal_refreshTable();
}
//实现添加事务处理
void MainWidget::on_btnAdd_clicked()
{
    QString studyid = ui->txtStudyID->text();
    QString name = ui->txtName->text();
    QString sex = ui->cmbSex->currentText();
    QString years = ui->txtYears->text();
    QString class = ui->txtClass->text();
    QString mobile = ui->txtMobile->text();
    QString sql = QString("insert into student(studyid, name, sex,years,
        class,mobile) values('%1','%2',%3,'%4','%5','%6')").arg(studyid)
        .arg(name).arg(sex).arg(years).arg(class).arg(mobile);
    model->setQuery(sql);
    emit signal_refreshTable();
}
//实现选中行记录显示事务处理
void MainWidget::on_tableView_clicked(const QModelIndex &index)
{
    int n = index.row(); // 获取选中行
    selectID = model->data(model->index(n,0)).toInt();
    QString studyid = model->data(model->index(n,1)).toString();
```

```
        QString name = model->data(model->index(n,2)).toString();
        QString sex = model->data(model->index(n,3)).toString();
        QString years = model->data(model->index(n,4)).toString();
        QString class = model->data(model->index(n,5)).toString();
        QString mobile = model->data(model->index(n,6)).toString();
        ui->txtStudyID->setText(studyid);
        ui->txtName->setText(name);
        ui->cmbSex->setCurrentIndex(listSex.indexOf(sex));
        ui->txtYears->setText(years);
        ui->txtClass->setText(class);
        ui->txtMobile->setText(mobile);
}
//实现更新事务处理
void MainWidget::on_btnUpdate_clicked()
{
        QString studyid = ui->txtStudyID->text();
        QString name = ui->txtName->text();
        QString sex = ui->cmbSex->currentText();
        QString years = ui->txtYears->text();
        QString class = ui->txtclass->text();
        QString mobile = ui->txtMobile->text();
        QString sql = QString("update student
           set studyID='%1',name='%2',sex='%3',years=%4,class='%5',mobile='%6'
           where id=%7").arg(studyid).arg(name).arg(sex)
           .arg(years).arg(class).arg(mobile).arg(selectID);
        model->setQuery(sql);
        emit signal_refreshTable();
}
//关闭数据库,退出系统
void MainWidget::on_btnClose_clicked()
{
        closeDB();
        this->close();
}
```

任务五：修改系统主函数文件

在工程 DataBase.pro 中打开系统主函数文件 main.cpp,编写中文支持及系统
启动程序。

```
# include <QtGui/QApplication>
# include "mainwidget.h"
```

```
# include <QTextCodec>

int main(int argc, char * argv[])
{
    QApplication a(argc, argv);
    QTextCodec * code = QTextCodec::codecForName("UTF - 8");
    QTextCodec::setCodecForLocale(code);
    QTextCodec::setCodecForCStrings(code);
    QTextCodec::setCodecForTr(code);
    a.setFont(QFont("wenquanyi",9));
    Widget w;
    w.show();
    return a.exec();
}
```

任务六: 编译、下载与调试

1. 在 PC 中编译调试

当所有程序代码都编写完成以后,先选择"文件"→"保存所有文件"菜单项,将项目中的文件进行保存,然后单击左侧工具栏的"项目"图标,选择"Desktop Q4.7 for GCC 发布"编译方式,完成项目 PC Linux 版本的编译与运行,检查系统源文件的语法错误,展示系统图形用户界面,初步测试系统响应。

2. 编译 ARM 版目标文件

在完成 PC Linux 桌面初步测试的基础上,单击左侧工具栏的"项目"→"Embedded Qt4.7 调试"菜单项,设置"/home/plg/Lab08/DataBase - ARM"构建目录,最后单击"构建所有项目"按钮,完成目标程序的编译。

3. 从宿主机下载

打开 PC Windows 超级终端,启动目标机进入 Linux 状态,等待目标程序的下载。

进入 PC VMWare Linux 超级终端,通过 FTP 登录并下载,此处既要下载应用程序 DataBase,也要下载数据库文件 xjk.db,下载步骤如下:

```
# cd /home/plg/Lab08/DataBase - ARM
# ftp 192.168.1.230
Name(192.168.1.230:root):plg
Password:plg
ftp>pub DataTest
ftp>pub xjk.db
```

4. 在目标机中修改目标程序可执行权限

进入目标机/home/plg/Lab08 目录,修改从 PC 机下载的 DataBase 文件权限,添加可执行权限：

```
# cd /home/plg/Lab08
# chmod + x DataBase
```

5. 在目标机运行

(1) 启动目标程序

首先从 PC 超级终端进入目标机的/bin 目录,执行环境设置命令：

```
# cd /bin
# . setqt4env
```

再进入/home/plg/Lab08 目录,运行学籍管理系统程序：

```
# cd /home/plg/Lab08
# ./DataBase - qws
```

命令执行后,若目标程序正确无误,则将在目标机上显示 DataBase 运行界面,如图 8-1 所示。

(2) 测试查询功能

单击"查询"按钮,显示结果如图 8-2 所示。

图 8-2 查询学籍结果

(3) 测试添加功能

先在窗口下方的文本框中分别输入一条学籍记录:20120201、赵六、男、20、计应1班和 13013723412,然后单击"添加"按钮,此时显示窗口中将增加新插入的记录。

(4) 测试修改功能

在学籍显示窗口中选择刚添加的记录,并将下方"所在班级"文本框中的值由"计应1班"改为"计应2班",然后单击"修改"按钮,此时显示窗口中对应记录的值将随之发生变化。

8.5　项目小结

1. Qt 提供了 QtSql 模块用于实现数据库访问编程,同时提供了一套与平台和具体所用数据无关的调用接口,包含数据库驱动层、数据库应用程序接口层和用户接口层 3 个层次。利用这些类和接口,可以方便地实现 Qt 数据库应用程序的编写。

2. SQLite 是一个 Qt 中内置的嵌入式关系数据库管理系统,它面向嵌入式 SQL 数据库引擎,基于纯 C 语言代码,无需 Server 服务器端进程,支持视图、触发器、事务机制,编程接口简单易用。

3. 在 Linux 字符环境下,SQLite 为开发者提供了一系列 shell 命令行工具,包括启动命令 sqlite3、管理命令和 SQL 命令。利用这些命令行工具,可以交互方式操作使用 SQLite 数据库。

8.6　工程实训

实训目的

1. 理解 SQLite 嵌入式数据库的特点和性能。
2. 熟悉 Linux 字符环境下 SQLite 数据库管理方法。
3. 熟悉 Qt 下 QtSql 模块提供的数据库编程类。
4. 掌握 Qt 环境下嵌入式数据库应用程序开发方法。

实训环境

1. 硬件:PC 机一台,开发板一块,串口线一根及双绞线一根。
2. 软件:Windows XP 操作系统,虚拟机 VMWare,Linux 操作系统和 Qt4.7 集成环境。

实训内容

编写一个 Qt 下基于 SQLite 数据库的学生通信录系统,可以实现学生数据的输入、修改、查询、统计和删除操作,具体需求如下:

1. 建立 Qt 下的通信录管理图形用户界面,参考界面如图 8 - 3 所示。
2. 创建一个 SQLite 数据库,建立通信录数据表,可包含字段序号、姓名、性别、出生日期、家庭地址和联系电话等。
3. 可实现联系人信息的输入、修改、删除、查询和统计等功能。

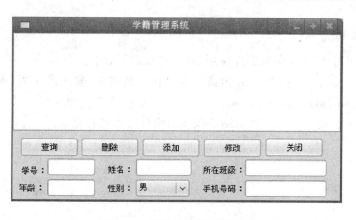

图 8 - 3　通信录管理系统界面

实训步骤

1. 用串口线、双绞线将 PC 机与目标机相连。

2. 启动 PC VMWare Linux，进入 Linux 开发环境。

3. 启动 Qt Creator，在/home/plg/Lab08 文件夹下建立项目文件 Data-BaseTest。

4. 按实训需求设计程序界面。

5. 在 Linux 超级终端下创建通信录数据库，建立数据表结构。

6. 在项目工程中添加 Qt 数据库模块引用编码：QT ＋＝QtSql。

7. 分别打开工程头文件、源文件和主函数文件，修改、完善功能实现编码。

8. 在 PC Linux 下编译、运行和测试。

9. 配置项目参数，交叉编译为 ARM 可执行程序 DataBaseTest。

10. 打开 PC Windows 超级终端窗口，启动目标机 Linux 系统。

11. 通过 FTP 将 DataBaseTest 和通信录数据库从 PC Linux 下载到目标机的/home/plg/Lab08 下。

12. 在目标机的/home/plg/Lab08 下，为 DataBaseTest 文件添加可执行权限。

13. 在目标机上运行 DataBaseTest，测试系统功能。

8.7　拓展提高

思　考

1. SQLite Shell 命令有哪些？怎样使用命令行工具操作数据库？

2. Qt 中面向数据库应用的编程类有哪些？怎样编写嵌入式数据库应用程序？

操 作

修改工程实训 8.6 中数据库应用程序，实现以下需求：

1. 单击"添加"按钮时，以弹出窗口方式输入新记录，输入提交后，窗口关闭，新记录添加到当前窗口的数据表中。

2. 单击"查询"按钮时，查询结果以弹出窗口方式进行显示。

项目 **9**

开发网络应用程序

学习目标：
> 理解 UDP 协议工作原理和编程模型；
> 理解 TCP 协议工作原理和编程模型；
> 理解 FTP 协议工作原理和编程模型；
> 掌握嵌入式网络应用程序开发方法。

随着因特网飞速发展，计算机网络已经渗透到社会生活的每一个角落。在嵌入式应用系统开发中，与网络的结合已经成为发展的必然趋势。通过本项目的实施，将了解嵌入式 Linux 网络通信工作原理，理解 UDP、TCP、FTP 等常用网络通信协议及其编程模型，从而掌握嵌入式网络应用程序开发方法。

9.1 背景知识

9.1.1 OSI 网络互联参考模型

在计算机网络产生之初，每个计算机厂商都有一套自己的网络体系结构，它们之间互不相容。为此，国际标准化组织（International Organization for Standardization，ISO）在 1979 年建立了一个分委员会来专门研究一种用于开放系统互联的体系结构（Open Systems Interconnection）简称 OSI，"开放"这个词表示：只要遵循 OSI 标准，一个系统可以和位于世界上任何地方的、也遵循 OSI 标准的其他任何系统进行连接。这个分委员会提出了开放系统互联，即 OSI 参考模型，它定义了连接异种计算机的标准框架。

OSI 参考模型分为 7 层，分别是物理层、数据链路层、网络层、传输层、会话层、表示层和应用层。

1. 物理层

要传递信息就要利用一些物理媒体，如双绞线、光纤等，但具体的物理媒体并不在 OSI 的 7 层之内,有人把物理媒体作为第 0 层。物理层(Physical Layer)的任务就是为它的上一层提供一个物理连接,以及它们的机械、电气、功能和过程特性。如规定使用电缆和接头的类型,传送信号的电压等。在这一层,数据还没有被组织,仅作为原始的位流或电气电压处理,单位是比特。

2. 数据链路层

数据链路层(Data Link Layer)负责在两个相邻结点间的线路上,无差错地传送以帧为单位的数据。每一帧包括一定数量的数据和一些必要的控制信息。和物理层相似,数据链路层要负责建立、维持和释放数据链路的连接。在传送数据时,如果接收点检测到所传数据中有差错,就要通知发送方重发这一帧。

3. 网络层

在计算机网络中进行通信的两台计算机之间可能会经过很多个数据链路,也可能还要经过很多通信子网。网络层(Network Layer)的任务就是选择合适的网间路由和交换结点,确保数据及时传送。网络层将数据链路层提供的帧组成数据包,包中封装有网络层包头,其中含有逻辑地址信息——源站点和目的站点地址的网络地址。

4. 传输层

传输层(Transport Layer)的任务是根据通信子网的特性最佳地利用网络资源,并以可靠和经济的方式,为两个端系统(也就是源站和目的站)的会话层之间,提供建立、维护和取消传输连接的功能,负责可靠地传输数据。在这一层,信息的传送单位是报文。

5. 会话层

这一层也可以称为会晤层或对话层,在会话层(Session Layer)及以上的高层次中,数据传送的单位不再另外命名,统称为报文。会话层不参与具体的传输,它提供包括访问验证和会话管理在内的建立和维护应用之间通信的机制。如服务器验证用户登录便是由会话层完成的。

6. 表示层

表示层(Presentation Layer)主要解决传输信息的语法表示问题。它将欲交换的数据从适合于某一用户的抽象语法,转换为适合于 OSI 系统内部使用的传送语法。即提供格式化的表示和转换数据服务。数据的压缩和解压缩,加密和解密等工作都由表示层负责。

7. 应用层

应用层(Application Layer)确定进程之间通信的性质以满足用户需要,以及提供网络与用户应用软件之间的接口服务。

在嵌入式网络应用程序开发中,虽然 OSI 有 7 层,但实际编写网络应用程序时只使用应用层、传输层、网络层和数据链路层这 4 层。

Linux 操作系统提供了统一的套接字抽象用于编写不同层次的网络程序,但是这种方法比较麻烦,甚至有时需要引用底层操作系统相关的数据结构,为此,Qt 提供了网络模块 QtNetwork,较好地解决了这一问题。

9.1.2　网络协议

网络通信程序的设计依赖于网络协议,目前嵌入式系统中主要使用的网络协议有 ARP、IP、UDP、TCP、FTP 和 HTTP 协议。

1. ARP 地址解析协议

网络层用 32 bit 地址来标识不同的主机,而链路层使用 48 bit 的物理地址来标识不同的以太网或令牌环网络接口。只知道目的主机的 IP 地址并不能发送数据帧给它,必须知道目的主机网络接口的 MAC(Media Access Control,介质访问控制)地址才能发送数据帧。

ARP(Address Resolution Protocol)的功能就是实现从 IP 地址到对应物理地址的转换。源主机发送一份包含目的主机 IP 地址的 ARP 请求数据帧给网上的每个主机,称为 ARP 广播,目的主机的 ARP 收到这份广播报文后,识别出这是发送端在询问它的 IP 地址,于是发送一个包含目的主机 IP 地址及对应的 MAC 地址的 ARP 应答给源主机。

为了加快 ARP 协议解析的数据,每台主机上都有一个 ARP 高速缓存,存放最近的 IP 地址到硬件地址之间的映射记录。这样,当在 ARP 的生存时间之内连续进行 ARP 解析的时候,就不需要反复发送 ARP 请求了。

2. IP 网际协议

IP(Internet Protocol)工作在网络层,是 TCP/IP 协议族中最为核心的协议,其他的协议可以利用 IP 协议来传输数据。TCP 和 UDP 数据都以 IP 数据包格式传输,IP 信息封装在 IP 数据包中。每一个 IP 数据包都有一个 IP 数据头,其中包括源地址和目的地址,一个数据校验和,以及其他一些有关的信息。IP 数据包最长可达 65 535 字节,其中包含 32 bit 的报头、32 bit 的源 IP 地址和 32 bit 的目的 IP 地址。IP 数据包的大小随传输介质的不同而不同,例如,以太网的数据包要大于 PPP 的数据包。

IP 提供不可靠、无连接的数据包传送服务,但却具有高效灵活的特点。不可靠的意思是指其不能保证 IP 数据包能成功地到达目的地。如果发生某种错误,IP 有一个简单的错误处理算法:丢弃该数据包,然后发送消息报给信源端。任何要求的可靠性必须由上层来提供。无连接的意思是指 IP 并不维护任何关于后续数据包的状态信息。每个数据包的处理是相互独立的,IP 数据包可以不按发送顺序接收。因为每个数据包都是独立地进行路由选择,可能选择不同的路线,所以传送所需时间有所不同。

数据的传输依据路由选择来完成,源主机 IP 接收本地 TCP 和 UDP 数据,生成 IP 数据包,如果目的主机与源主机在同一个共享网络上,那么 IP 数据包就直接送到目的主机上。否则,把数据包发往一个默认的路由器上,由路由器来转发该数据包。目的地址的主机在接收数据包后,必须再将数据装配起来,然后传送给接收的应用程序。

3. TCP 传输控制协议

TCP(Transfer Control Protocol)协议是基于连接的协议,是在需要通信的两个应用程序之间建立起一条虚拟的连接线路,而在这条线路间可能会经过很多子网、网关和路由器。TCP 协议保证在两个应用程序之间可靠地传送和接收数据,并且可以保证没有丢失的或者重复的数据包。

TCP 协议把发送方应用程序提交的数据分成合适的小块,并添加附加信息,包括顺序号,源和目的端口、控制、纠错信息等字段,称为 TCP 数据包,并将 TCP 数据包交给下面的网络层处理。接收方确认接收到 TCP 数据包后,重组并将数据送往高层。

当 TCP 协议使用 IP 协议传送它自己的数据包时,IP 数据包中的数据就是 TCP 数据包本身。相互通信的主机中的 IP 协议层负责传送和接收 IP 数据包。每一个 IP 数据头中都包括一字节的协议标志符。当 TCP 协议请求 IP 协议层传送一个 IP 数据包时,IP 数据头中的协议标志符指明其中的数据包是一个 TCP 数据包。当应用程序使用 TCP/IP 通信时,它们不仅要指明目标计算机的 IP 地址,还要指明应用程序使用的端口地址。端口地址可以唯一地表示一个应用程序,标准的网络应用程序使用标准的端口地址,例如,Web 服务器使用端口 80。已经登记的端口地址可以在/etc/services 中查看。

4. UDP 用户数据包协议

UDP(User Datagram Protocol)协议是一种无连接、不可靠的传输层协议。使用该协议只是把应用程序传来的数据加上 UDP 头包括端口号、段长等字段,作为 UDP 数据包发送出去,但是并不保证数据包能到达目的地,其可靠性由应用层来提供。就像发送一封写有地址的一般信件,却不保证信件能到达一样。因为协议开销少,与 TCP 协议相比,UDP 更适用于应用在低端的嵌入式领域中。在很多情况下,如网络管理 SNMP、域名解析 DNS、简单文件传输协议 TFTP,大多使用 UDP 协议。

UDP 具有 TCP 所望尘莫及的速度优势。虽然 TCP 协议中加入了各种安全保障功能,但是在实际执行的过程中会占用大量的系统开销,这无疑使速度受到严重的影响。而 UDP 将安全和排序等功能移交给上层应用来完成,极大地降低了执行时间,使速度得到了保证。

UDP 协议的最早规范于 1980 年发布,尽管时间已经很长,但是 UDP 协议仍然继续在主流应用中发挥着作用,包括视频电话会议系统在内的许多应用都证明了 UDP 协议的存在价值。因为相对于可靠性来说,这些应用更加注重实际性能,所以为了获得更好的使用效果(例如,更高的画面帧刷新速率)往往可以牺牲一定的可靠性(例如,画面质量)。这就是 UDP 和 TCP 两种协议的权衡之处。根据不同的环境和特点,两种传输协议都将在今后的网络世界中发挥更加重要的作用。

IP 协议层也可以使用不同的物理介质来传送 IP 数据包到其他的 IP 地址主机。这些介质可以自己添加协议头。例如,以太网协议层、PPP 协议层或者 SLIP 协议层。由于以太网可以同时连接很多个主机,每一个主机上都有一个唯一的以太网地址,并且保存在以太网卡中。所以在以太网上传输 IP 数据包时,必须将 IP 数据包中的 IP 地址转换成主机的以太网卡中的物理地址。Linux 系统使用 ARP 协议把 IP 地址翻译成主机以太网卡中的物理地址。希望把 IP 地址翻译成硬件地址的主机使用广播地址向网络中的所有节点发送一个包括 IP 地址的 ARP 请求数据包。拥有此 IP 地址的目的计算机接收到请求以后,返回一个包括其物理地址的 ARP 应答。

5. FTP 文件传输协议

FTP(File Transfer Protocol)是文件传输协议的简称,用于 Internet 上控制文件的双向传输。同时,它也是一个应用程序,用户可以通过它把自己的 PC 机与世界各地所有运行 FTP 协议的服务器相连,访问服务器上的大量程序和信息。

正如其名所示,FTP 的主要作用就是让用户连接上一个远程计算机(这些计算机上运行着 FTP 服务器程序),查看远程计算机有哪些文件,然后把文件从远程计算机复制到本地计算机,或把本地计算机的文件传送到远程计算机。

FTP 工作原理:当启动 FTP 从远程计算机复制文件时,事实上就启动了两个程序:一个本地机上的 FTP 客户程序,它向 FTP 服务器提出复制文件的请求。另一个是启动在远程计算机上的 FTP 服务器程序,它响应客户请求并把指定的文件传送到客户计算机中。FTP 采用"客户机/服务器"方式,用户端要在自己的本地计算机上安装 FTP 客户程序。FTP 客户程序有字符界面和图形界面两种,字符界面的 FTP 命令复杂,而图形界面的 FTP 客户程序操作比较简洁方便。

6. HTTP 超文本传输协议

HTTP(HyperText Transfer Protocol)是一个属于应用层的面向对象的协议,由于其简捷、快速的方式,适用于分布式超媒体信息系统。它于 1990 年提出,经过二十几年的使用与发展,得到不断地完善和扩展。

HTTP 协议的主要特点如下:

① 支持客户/服务器模式。

② 简单快速:客户向服务器请求服务时,只需传送请求方法和路径。请求方法常用的有 GET、HEAD、POST。每种方法规定了客户与服务器联系的类型。由于 HTTP 协议简单,使得 HTTP 服务器的程序规模较小,因而通信速度很快。

③ 灵活:HTTP 允许传输任意类型的数据对象。正在传输的类型由 Content-Type 加以标记。

④ 无连接:无连接的含义是限制每次连接只处理一个请求。服务器处理完客户

的请求，并收到客户的应答后，即断开连接。采用这种方式可以节省传输时间。

⑤ 无状态：HTTP 协议是无状态协议。无状态是指协议对于事务处理没有记忆能力。缺少状态意味着如果后续处理需要前面的信息，则它必须重传，这样可能导致每次连接传送的数据量增大。另一方面，在服务器不需要先前信息时它的应答就较快。

9.1.3　QtNetwork 模块

在嵌入式 Linux 网络应用开发中，Qt 以 QtNetwork 模块方式提供了许多类，使用网络模块提供的类，可以更容易、便捷地构建网络应用程序，这些类可分为 3 个部分：

1. 基本网络类

基本网络类包括：QSocket、QServerSocket 和 QDns 等。使用这些类实现 TCP/IP 套接字编程将更为便捷。

2. 协议操作类

主要包括 QNetworkProtocol 和 QNetworkOperation，用于实现网络的抽象层；QUrlOperator 用于实现特定协议的操作。

3. 其他类

QUrl 和 QUrlInfo 等实现 URL 解析或类似功能。

9.2　项目需求

嵌入式 Linux 网络应用系统包含内部局域网通信、因特网通信和 Web 浏览等方面。本项目在理解网络通信原理的基础上，实现嵌入式 Linux 网络通信程序，需求如下：

① 客户机界面如图 9-1 所示。

② TCP 通信服务器界面如图 9-2 所示。

③ 通信服务器运行在嵌入式开发板中，单击"开始通信"按钮后，系统等待接收客户机发送的通信信息。当收到客户机发来的信息时，将其显示在信息窗口中。

④ 通信客户机既可运行在 PC Linux 之中，也可运行在另一台目标机之中。当设置用户名和服务器地址并单击"开始通信"按钮后，客户机进入发送信息状态。此时，可在发送信息文本框中输入通信信息，单击"发送"按钮，可将输入的发送信息显示在本窗口的浏览框中，

图 9-1　TCP 通信客户机界面

图 9 - 2　TCP 通信服务器界面

同时发送到指定 IP 地址的服务器窗口中。

9.3　项目设计

9.3.1　界面设计

　　Qt 应用程序界面可以通过 QCreator 集成环境下的可视化方法完成,也可以在项目中编写源程序实现。在已完成的各项目设计中均使用了可视化方法,本项目将采用编程方法加以实现。

　　Qt 提供布局类用于程序界面元素的编程实现,常用的布局类有 QHBoxLayout、QVBoxLayout、QGridLayout3 种,分别是水平排列布局、垂直排列布局和表格排列布局。布局中最常用的方法有 addWidget() 和 addLayout(),addWidget() 方法用于在布局中插入控件,addLayout() 方法用于在布局中插入子布局。

　　使用布局类实现图 9 - 2 的程序代码如下:

```
TcpServer::TcpServer(QWidget * parent,Qt::WindowFlags f) : QDialog(parent,f)
{
    setWindowTitle(tr("TCP 通信服务器"));
    ContentListWidget = new QListWidget;
    PortLabel = new QLabel(tr("端口:"));
    PortLineEdit = new QLineEdit;
    CreateBtn = new QPushButton(tr("开始通信"));
    mainLayout = new QGridLayout(this);
    mainLayout->addWidget(ContentListWidget,0,0,1,2);
    mainLayout->addWidget(PortLabel,1,0);
    mainLayout->addWidget(PortLineEdit,1,1);
```

```
mainLayout ->addWidget(CreateBtn,2,0,1,2);
port = 8888;
PortLineEdit ->setText(QString::number(port));
}
```

9.3.2　服务器端通信方式设计

　　TCP 是一种可靠的、面向连接、面向数据流的传输协议,多数高层网络协议都使用 TCP 协议。TCP 协议非常适合数据的连续传输,本项目亦将采用 TCP 协议。

　　实现服务器端网络通信方案有多种,本项目中用比较简单易懂的方式来完成。

　　根据任务划分,设计 3 个类:Server 继承自 QTcpServer,实现一个 TCP 协议的服务器;TcpClientSocket 继承自 QTcpSocket,实现一个 TCP 套接字;TcpServer 继承自 QDialog,负责服务器端对话框显示与控制。3 个类之间的信号与槽的关系如图 9 - 3所示。

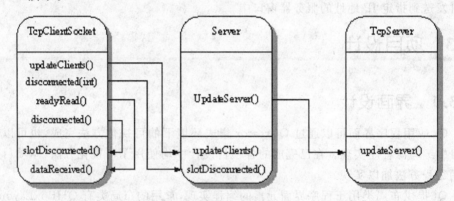

图 9 - 3　服务器端类的定义

(1) TcpServer 类

TcpServer 类主要实现服务端的对话框显示与控制,其构造函数实现窗体各控件的创建、布局和槽的连接,核心程序可如下设计:

```
void TcpServer::slotCreateServer()
{
    server = new Server(this,port);
    connect(server,SIGNAL(updateServer(QString,int)),
            this,SLOT(updateServer(QString,int)));
    CreateBtn ->setEnabled(false);
}
```

　　其中,slotCreateServer()函数的作用是创建一个 TCP 服务器,而 updateServer()函数的作用在于更新服务器的信息显示。

（2）Server 类

Server 实现一个 TCP 服务器类，继承自 QTCPServer。QTCPServer 类提供了一种基于 TCP 协议的服务器，利用 QTCPServer，可以监听到指定端口的 TCP 连接。在 Server 中可以定义一个 QList 变量 tcpClientSocketList，用来保存与客户端连接的 TcpClientSocket。

Server 类的构造函数可以表示为：

```
Server::Server(QObject * parent,int port) :QTcpServer(parent)
{
    listen(QHostAddress::Any,port);
}
```

在 Server 类中设计 3 个函数：updateClients() 函数用于将客户端发来的信息进行广播，保证每一个对与网络通信的人都可以看到其他人的发言；updateServer() 函数用来通知服务器对话框更新相应的显示状态；slotDisconnected() 函数的作用是从 tcpClientSocketList 列表中将断开连接的 tcpClientSocket 对象删除。

（3）TcpClientSocket 类

设计 TcpClientSocket 类为 TCP 套接字，用于在服务器端实现与客户端程序的通信，其构造函数可以设计为：

```
TcpClientSocket::TcpClientSocket(QObject * parent)
{
    connect(this,SIGNAL(readyRead()),this,SLOT(dataReceived()));
    connect(this,SIGNAL(disconnected()),this,SLOT(slotDisconnected()));
}
```

在 TcpClientSocket 构造函数中，主要指定信息与槽的连接关系，其中，readyRead() 是 QIODevice 的 signal，由 QTcpSocket 继承而来，在有数据到来时发出信号，disconnected() 信号在断开连接时发出。

当有数据到来时，触发 dataReceived() 函数，从套接字中将有效数据取出，然后发出 updateClients() 信号，通知服务器向所有参与通信的成员广播信息。

9.3.3   客户端通信方案设计

按照项目要求，客户端程序中定义 TcpClient 类，主要设计 3 个函数。

slotEnter()：实现开始和结束网络通信功能。

slotConnected()：当与服务器连接成功后，客户端构造一条开始通信的消息，并通知服务器。

dataReceived()：从套接字中将有效数据取出并显示。

9.4　项目实施

任务一：建立 TcpServer 项目文件

1. 建立项目文件夹

进入 PC VMWare Linux，在超级终端中输入以下命令，建立项目文件夹。

```
# cd /home/plg/
# mkdir Lab09
```

2. 建立项目文件

进入 PC VMware Linux，打开 QCreator 集成开发环境，单击"新建项目"按钮，在/home/plg/Lab09/TcpServer 文件夹中建立项目文件，设置项目名为 TcpServer。

随着系统项目文件的建立，在项目文件夹下将产生 4 个主要文件：

TcpServer.pro：项目文件，管理项目设置参数。

TcpServer.h：主窗体类文件，定义系统界面主类。

TcpServer.cpp：系统主类构造函数及其事务处理源文件。

main.cpp：系统主函数源文件。

任务二：编写项目源文件

1. 修改工程文件

打开工程文件 TcpServer.pro，在其中添加 QNetwork 网络模块，程序如下：

```
QT      + = core gui\
            network
TARGET =   TcpServer
TEMPLATE =  app
SOURCES + = main.cpp\
            tcpserver.cpp \
            server.cpp \
            tcpclientsocket.cpp
HEADERS + = tcpserver.h \
            server.h \
            tcpclientsocket.h
```

2. 编写服务器端对话框程序

在项目工程中，打开系统头文件 TcpServer.h，编写服务器端对话框显示与控制类的程序。

```
# ifndef TCPSERVER_H
# define TCPSERVER_H
# include <QtGui/QDialog>
# include <QListWidget>
# include <QLabel>
# include <QLineEdit>
# include <QPushButton>
# include <QGridLayout>
# include "server.h"
class TcpServer : public QDialog
{
    Q_OBJECT
  public:
    TcpServer(QWidget * parent = 0,Qt::WindowFlags f = 0);
    ~TcpServer();
  private:
    QListWidget * ContentListWidget;
    QLabel * PortLabel;
    QLineEdit * PortLineEdit;
    QPushButton * CreateBtn;
    QGridLayout * mainLayout;
    int port;
    Server * server;
  public slots:
    void slotCreateServer();
    void updateServer(QString,int);
};
# endif // TCPSERVER_H
```

打开服务器端对话框控制文件 tcpserver.cpp,完成如下代码:

```
# include "tcpserver.h"
TcpServer::TcpServer(QWidget * parent,Qt::WindowFlags f):QDialog(parent,f)
{
    setWindowTitle(tr("TCP 通信服务器"));
    ContentListWidget = new QListWidget;
    PortLabel = new QLabel(tr("端口:"));
    PortLineEdit = new QLineEdit;
    CreateBtn = new QPushButton(tr("开始通信"));
    mainLayout = new QGridLayout(this);
    mainLayout->addWidget(ContentListWidget,0,0,1,2);
```

```
        mainLayout->addWidget(PortLabel,1,0);
        mainLayout->addWidget(PortLineEdit,1,1);
        mainLayout->addWidget(CreateBtn,2,0,1,2);
        port = 8888;
        PortLineEdit->setText(QString::number(port));
        connect(CreateBtn,SIGNAL(clicked()),this,SLOT(slotCreateServer()));
}
TcpServer::~TcpServer()
{
}
void TcpServer::slotCreateServer()
{
        server = new Server(this,port);
        connect(server,SIGNAL(updateServer(QString,int)),
                this,SLOT(updateServer(QString,int)));
        CreateBtn->setEnabled(false);
}
void TcpServer::updateServer(QString msg,int length)
{
        ContentListWidget->addItem(msg.left(length));
}
```

打开项目主函数文件 main.cpp，添加支持中文显示的程序，完成代码如下：

```
#include <QtGui/QApplication>
#include "tcpserver.h"
#include <QTextCodec>

int main(int argc, char * argv[])
{
        QApplication a(argc, argv);
        a.setFont(QFont("wenquanyi",9));
        QTextCodec * code = QTextCodec::codecForName("UTF-8");
        QTextCodec::setCodecForLocale(code);
        QTextCodec::setCodecForCStrings(code);
        QTextCodec::setCodecForTr(code);
        TcpServer w;
        w.show();
        return a.exec();
}
```

任务三：添加 TCP 服务器类

在工程 TcpServer.pro 中，添加一个 TCP 协议服务器类 server，打开头文件

server. h,编写如下代码：

```
# ifndef SERVER_H
# define SERVER_H
# include <QObject>
# include <QTcpServer>
# include "tcpclientsocket. h"

class Server : public QTcpServer
{
    Q_OBJECT
  public:
    Server(QObject * parent = 0, int port = 0);
    QList<TcpClientSocket * > tcpClientSocketList;
  signals:
    void updateServer(QString, int);
  public slots:
    void updateClients(QString, int);
    void slotDisconnected(int);
  protected:
    void incomingConnection(int socketDescriptor);
};
# endif // SERVER_H
```

打开源文件 server. cpp,编写如下代码：

```
# include "server. h"
Server::Server(QObject * parent, int port) :QTcpServer(parent)
{
    listen(QHostAddress::Any, port);
}
void Server::incomingConnection(int socketDescriptor)
{
    TcpClientSocket * tcpClientSocket = new TcpClientSocket(this);
    connect(tcpClientSocket, SIGNAL(updateClients(QString, int)),
            this, SLOT(updateClients(QString, int)));
    connect(tcpClientSocket, SIGNAL(disconnected(int)), this,
            SLOT(slotDisconnected(int)));
    tcpClientSocket ->setSocketDescriptor(socketDescriptor);
    tcpClientSocketList. append(tcpClientSocket);
}
void Server::updateClients(QString msg, int length)
{
    emit updateServer(msg, length);
```

```
        for(int i = 0;i<tcpClientSocketList.count();i++)
        {
            QTcpSocket * item = tcpClientSocketList.at(i);
            if(item->write(msg.toLatin1(),length)! = length)
            {
                continue;
            }
        }
    }
    void Server::slotDisconnected(int descriptor)
    {
        for(int i = 0;i<tcpClientSocketList.count();i++)
        {
            QTcpSocket * item = tcpClientSocketList.at(i);
            if(item->socketDescriptor() == descriptor)
            {
                tcpClientSocketList.removeAt(i);
                return;
            }
        }
        return;
    }
```

任务四：添加 tcpClientSocket 服务器类

在项目工程中添加一个 tcpClientSocket 类，用于实现 TCP 套接字，头文件 tcp-clientcocket. h 如下：

```
# ifndef TCPCLIENTSOCKET_H
# define TCPCLIENTSOCKET_H
# include <QObject>
# include <QTcpSocket>
class TcpClientSocket : public QTcpSocket
{
    Q_OBJECT
public:
    TcpClientSocket(QObject * parent = 0);
signals:
    void updateClients(QString,int);
    void disconnected(int);
protected slots:
    void dataReceived();
```

```
        void slotDisconnected();
};
#endif // TCPCLIENTSOCKET_H
```

tcpClientSocket类的源文件如下：

```
#include "tcpclientsocket.h"
TcpClientSocket::TcpClientSocket(QObject * parent)
{
    connect(this,SIGNAL(readyRead()),this,SLOT(dataReceived()));
    connect(this,SIGNAL(disconnected()),this,SLOT(slotDisconnected()));
}
void TcpClientSocket::dataReceived()
{
    while(bytesAvailable()>0)
    {
        int length = bytesAvailable();
        char buf[1024];
        read(buf,length);
        QString msg = buf;
        emit updateClients(msg,length);
    }
}
void TcpClientSocket::slotDisconnected()
{
    emit disconnected(this->socketDescriptor());
}
```

任务五：编译、调试服务器

1. 在 PC 中编译调试

在 QCreator 集成环境中，选择"文件"→"保存所有文件"菜单项，将项目中的文件进行保存，然后单击左侧工具栏的"项目"图标，选择"Desktop Q4.7 for GCC 发布"编译方式，完成项目 PC Linux 版本的编译与运行，检查系统源文件的语法错误，显示服务器图形用户界面。

2. 编译 ARM 版目标文件

在完成 PC 桌面初步测试的基础上，单击左侧工具栏的"项目"图标，选择"Embedded Qt4.7 调试"方式，设置"/home/plg/Lab09/TcpServer - ARM"构建目录，最后单击"编译所有项目"按钮，完成目标程序的编译。

3. 从宿主机下载

打开 PC 超级终端，启动目标机进入 Linux 状态，等待目标程序的下载。

进入 PC VMWare Linux 超级终端,通过 FTP 登录并下载:

```
#cd /home/plg/Lab09/TcpServer - ARM
#ftp 192.168.1.230
Name(192.168.1.230:root):plg
Password:plg
ftp>pub TcpServer
```

4. 在目标机中修改目标程序可执行权限

进入目标机/home/plg/Lab09 目录,修改从 PC 机下载的 TcpServer 文件权限,添加可执行权限:

```
#cd /home/plg/Lab09
#chmod + x TcpServer
```

5. 在目标机运行

(1) 启动目标程序

首先从 PC Windows 超级终端进入目标机的/bin 目录,执行环境设置命令:

```
#cd /bin
#. setqt4env
```

再进入/home/plg/Lab09 目录,运行 TcpServer 程序:

```
#/cd /home/plg/Lab09
#./TcpServer - qws
```

命令执行后,若目标程序正确无误,则将在目标机上显示项目需求的界面。

(2) 启动服务器

单击"开始通信"按钮,启动系统服务,开始监听来自网络的通信信息。

任务六: 建立 TcpClient 项目文件

进入 PC VMware Linux,打开 QCreator 集成开发环境,单击"新建项目"按钮,在/home/plg/Lab09/TcpClient 文件夹中建立项目文件,设置项目名为 TcpClient。

随着系统项目文件的建立,在项目文件夹下将产生 4 个主要文件:

TcpClient. pro:项目文件,管理项目设置参数。

TcpClient. h:主窗体类文件,定义系统界面主类。

TcpClient. cpp:系统主类构造函数及其事务处理源文件。

main. cpp:系统主函数源文件。

任务七：编写项目源文件

1. 修改工程文件

打开工程文件 TcpClient. pro,在其中添加 QNetwork 网络模块,程序如下：

```
QT      + =  core gui\
             network
TARGET  =    TcpClient
TEMPLATE =   app
SOURCES + =  main.cpp\
             tcpclient.cpp \
HEADERS + =  tcpclient.h \
```

2. 编写客户端对话框程序

在项目工程中,打开系统头文件 TcpClient. h,编写客户端对话框显示与控制类的程序。

```
# ifndef TCPCLIENT_H
# define TCPCLIENT_H
# include <QtGui/QDialog>
# include <QListWidget>
# include <QLineEdit>
# include <QPushButton>
# include <QLabel>
# include <QGridLayout>
# include <QHostAddress>
# include <QTcpSocket>
class TcpClient : public QDialog
{
    Q_OBJECT
    public:
      TcpClient(QWidget * parent = 0,Qt:.WindowFlags f = 0);
      ~TcpClient();
    private:
      QListWidget * contentListWidget;
      QLineEdit * sendLineEdit;
      QPushButton * sendBtn;
      QLabel * userNameLabel;
      QLineEdit * userNameLineEdit;
      QLabel * serverIPLabel;
      QLineEdit * serverIPLineEdit;
```

```
        QLabel * portLabel;
        QLineEdit * portLineEdit;
        QPushButton * enterBtn;
        QGridLayout * mainLayout;
        bool status;
        int port;
        QHostAddress * serverIP;
        QString userName;
        QTcpSocket * tcpSocket;
    public slots:
        void slotEnter();
        void slotConnected();
        void slotDisconnected();
        void dataReceived();
        void slotSend();
};
#endif // TCPCLIENT_H
```

打开客户端对话框控制文件 TcpClient.cpp,完成如下代码:

```
#include "tcpclient.h"
#include <QMessageBox>
#include <QHostInfo>
TcpClient::TcpClient(QWidget * parent,Qt::WindowFlags f) : QDialog(parent,f)
{
    setWindowTitle(tr("TCP 通信客户机"));
    contentListWidget = new QListWidget;
    sendLineEdit = new QLineEdit;
    sendBtn = new QPushButton(tr("发送"));
    userNameLabel = new QLabel(tr("用户名"));
    userNameLineEdit = new QLineEdit;
    serverIPLabel = new QLabel(tr("服务器地址"));
    serverIPLineEdit = new QLineEdit;
    portLabel = new QLabel(tr("端口"));
    portLineEdit = new QLineEdit;
    enterBtn = new QPushButton(tr("开始通信"));
    mainLayout = new QGridLayout(this);
    mainLayout->addWidget(contentListWidget,0,0,1,2);
    mainLayout->addWidget(sendLineEdit,1,0);
    mainLayout->addWidget(sendBtn,1,1);
    mainLayout->addWidget(userNameLabel,2,0);
    mainLayout->addWidget(userNameLineEdit,2,1);
    mainLayout->addWidget(serverIPLabel,3,0);
    mainLayout->addWidget(serverIPLineEdit,3,1);
    mainLayout->addWidget(portLabel,4,0);
```

```
    mainLayout->addWidget(portLineEdit,4,1);
    mainLayout->addWidget(enterBtn,5,0,1,2);
    status = false;
    port = 8888;
    portLineEdit->setText(QString::number(port));
    serverIP = new QHostAddress();
    connect(enterBtn,SIGNAL(clicked()),this,SLOT(slotEnter()));
    connect(sendBtn,SIGNAL(clicked()),this,SLOT(slotSend()));
    sendBtn->setEnabled(false);
}
TcpClient::~TcpClient()
{
}
void TcpClient::slotEnter()
{
    if(! status)
    {
        QString ip = serverIPLineEdit->text();
        if(! serverIP->setAddress(ip))
        {
            QMessageBox::information(this,tr("出错"),
                                    tr("服务器 IP 地址出错!"));
            return;
        }
        if(userNameLineEdit->text() == "")
        {
            QMessageBox::information(this,tr("出错"),tr("用户名出错!"));
            return;
        }
        userName = userNameLineEdit->text();
        tcpSocket = new QTcpSocket(this);
        connect(tcpSocket,SIGNAL(connected()),this,SLOT(slotConnected()));
        connect(tcpSocket,SIGNAL(disconnected()),
                this,SLOT(slotDisconnected()));
        connect(tcpSocket,SIGNAL(readyRead()),this,SLOT(dataReceived()));
        tcpSocket->connectToHost( * serverIP,port);
        status = true;
    }
    else
    {
        int length = 0;
        QString msg = userName + tr("结束");
        if((length = tcpSocket->write(msg.toLatin1(),msg.length())) != msg.length())
        {
            return;
```

```
            }
            tcpSocket −>disconnectFromHost();
            status = false;
        }
    }
    void TcpClient::slotConnected()
    {
        sendBtn −>setEnabled(true);
        enterBtn −>setText(tr("结束"));
        int length = 0;
        QString msg = userName + tr("开始通信");
        if((length = tcpSocket −>write(msg.toLatin1(),msg.length())))!= msg.length())
        {
            return;
        }
    }
    void TcpClient::slotSend()
    {
        if(sendLineEdit −>text() == "")
        {
            return ;
        }
        QString msg = userName + ":" + sendLineEdit −>text();
        tcpSocket −>write(msg.toLatin1(),msg.length());
        sendLineEdit −>clear();
    }
    void TcpClient::slotDisconnected()
    {
        sendBtn −>setEnabled(false);
        enterBtn −>setText(tr("开始"));
    }
    void TcpClient::dataReceived()
    {
        while(tcpSocket −>bytesAvailable()>0)
        {
            QByteArray datagram;
            datagram.resize(tcpSocket −>bytesAvailable());
            QHostAddress sender;
            tcpSocket −>read(datagram.data(),datagram.size());
            QString msg = datagram.data();
            contentListWidget −>addItem(msg.left(datagram.size()));
        }
    }
```

3. 编写客户端主函数程序

在项目工程中,打开项目主函数文件 main.cpp,修改主函数程序如下:

```
# include <QtGui/QApplication>
# include "tcpclient.h"
# include <QTextCodec>

int main(int argc, char * argv[])
{
    QApplication a(argc, argv);
    a.setFont(QFont("wenquanyi",9));
    QTextCodec * code = QTextCodec::codecForName("UTF-8");
    QTextCodec::setCodecForLocale(code);
    QTextCodec::setCodecForCStrings(code);
    QTextCodec::setCodecForTr(code);
    TcpClient w;
    w.show();
    return a.exec();
}
```

任务八：编译、调试客户端程序

1. 在 PC 中编译调试

在 QCreator 集成环境中，选择"文件"→"保存所有文件"菜单项，将项目中的文件进行保存，然后单击左侧工具栏的"项目"图标，选择"Desktop Q4.7 for GCC 发布"编译方式，完成项目 PC Linux 版本的编译与运行，检查系统源文件的语法错误，展示系统图形用户界面，初步测试系统响应。

2. 测试客户端程序

（1）连接服务器

在客户机界面"用户名"文本框中，输入通信用户名，比如 CCS。

在"服务器地址"文本框中，输入正在运行网络通信服务器程序的开发板 IP 地址，此处应为 192.168.1.230。

单击"开始通信"按钮，进入通信状态。

（2）从客户机发送通信信息

先在发送文本框中输入发送信息，比如"Hello!"，然后单击"发送"按钮，如果系统程序无误，在开发板服务器端窗口中应能收到并显示"Hello!"字符串。

9.5　项目小结

1. 网络编程在嵌入式 Linux 应用程序开发中占据重要地位，许多应用程序都与网络通信相关。

2. Linux 操作系统提供了统一的套接字对象,通过套接字可以编写不同层次的网络应用程序,但套接字的使用比较复杂,编写程序比较繁琐。

3. Qt 提供了一个全新的网络模块 QtNetwork,简化了套接字的使用,降低了网络应用程序开发难度,通常网络编程涉及的协议包括 UDP、TCP、FTP 和 HTTP 等,Qt 中都有相应类与之对应,通过这些类可以方便快捷地编写嵌入式 Linux 网络应用程序。

9.6 工程实训

实训目的

1. 理解 TCP 通信机理。
2. 熟悉 QTcpSocket 及其相关类的使用方法。
3. 掌握 TCP 网络通信程序的开发方法。
4. 掌握嵌入式网络通信程序的编译、调试与部署方法。

实训环境

1. 硬件:PC 机一台,开发板一块,串口线一根,双绞线一根。
2. 软件:Windows XP 操作系统,虚拟机 VMWare,Linux 操作系统,Qt4.7。

实训内容

1. 熟悉 QtNetwork 模块的内容和使用方法。
2. 熟悉 QTcpSocket 及其相关类的特性和使用方法。
3. 应用 QTcpSocket 编写 TCP 网络通信应用程序,项目需求如下:
(1) 程序参考界面如图 9-1、图 9-2 所示。
(2) 编写服务器端功能程序,当程序运行后开始监听客户端信息。当收到客户机发来的信息时,将其显示在信息窗口中。
(3) 编写客户机功能程序,可在发送信息文本框中输入通信信息,单击"发送"按钮,将输入的发送信息显示在本窗口的浏览框中,同时发送到指定 IP 地址的服务器窗口中。

实训步骤

1. 用串口线、双绞线将 PC 机与目标机相连。
2. 启动 PC Linux,进入 Qt 开发环境。
3. 启动 Qt Creator,在/home/plg/Lab09/TcpServerTest 文件夹下建立项目文件 TcpServerTest。
4. 按实训内容要求编写 TCP 服务器程序。
5. 在 PC Linux 下编译、运行。

6. 配置项目参数,交叉编译为 ARM 可执行程序 TcpServerTest

7. 打开 PC Windows 超级终端窗口,启动目标机 Linux 系统。

8. 通过 FTP 将 TcpServerTest 从 PC Linux 下载到目标机的/home/plg/Lab09 下。

9. 在目标机的/home/plg/Lab09 下,为 TcpServerTest 文件添加可执行权限。

10. 在目标机上运行 TcpServerTest。

11. 启动 Qt Creator,在/home/plg/Lab09 文件夹下建立项目文件 TcpClientTest。

12. 按实训内容要求编写 TCP 客户端程序。

13. 在 PC Linux 下编译、运行和测试,观察服务器端和客户端信息发送和接收的结果。

9.7 拓展提高

思 考

1. Qt 为网络应用程序开发提供了哪些主要类?其功能如何?

2. 怎样编写基于 TCP 协议的网络通信程序?怎样编写基于 UDP 协议的网络通信程序?

操 作

应用 QUdpSocket 编写 UDP 网络通信应用程序,需求如下:

(1)程序参考界面如图 9-4 所示。

图 9-4 UDP 网络通信参考界面

(2)服务器端实现一个定时器,定时向网络的某个端口广播信息。

(3)客户端连接到与服务器相同的端口,当收到服务器的广播信息后,将其显示在窗口中。

参考文献

[1] 陈长顺,管希萌,洪伟,等. 嵌入式技术基础[M]. 北京. 北京航空航天大学出版社,2009.

[2] 罗苑棠. 嵌入式 Linux 驱动程序和系统开发实例精讲[M]. 北京. 电子工业出版社,2009.

[3] 成洁,卢紫毅. Linux 窗口程序设计[M]. 北京. 清华大学出版社,2008.

[4] Mark Summerfield. Qt 高级编程[M]. 北京. 电子工业出版社,2011.

[5] http://www.arm9.net/tiny6410.asp,2012.